資訊概論

從資訊科技應用
培養邏輯思維能力

關於文淵閣工作室

常常聽到很多讀者跟我們說：我就是看你們的書學會用電腦的。

是的！這就是寫書的出發點和原動力，想讓每個讀者都能看我們的書跟上軟體的腳步，讓軟體不只是軟體，而是提昇個人效率的工具。

隨著時代的進步與讀者的需求，文淵閣工作室除了原有的 Office、多媒體網頁設計系列，更將著作範圍延伸至各類程式設計、攝影、影像編修與創意書籍，如果您在閱讀本書時有任何的問題或是許多的心得要與所有人一起討論共享，歡迎光臨文淵閣工作室網站，或者使用電子郵件與我們聯絡。

■ 文淵閣工作室網站　http://www.e-happy.com.tw

■ 服務電子信箱　e-happy@e-happy.com.tw

■ Facebook 粉絲團　http://www.facebook.com/ehappytw

總 監 製	：	鄧文淵	責任編輯	：	鄧君如
監　　督	：	李淑玲	執行編輯	：	Hsiung・Lily・Shantel
行銷企劃	：	鄧君如・黃信溢			

本書範例

整理了 Part 12、Part 13 文書處理的完整範例練習檔案，讓您閱讀本書內容的同時，在最短的時間內掌握學習重點。

本書範例檔可從下列網站下載：http://books.gotop.com.tw/download/AEI005400，該頁面中會看到 <Part12.zip>、<Part13.zip> 二個連結，按一下單元連結可下載該單元壓縮檔，解壓縮下載回來的檔案後即可使用。

目錄

01 電腦並不難‧初步認識

02 電腦維護與正確的使用姿勢

03 Windows 8.1 操作

04　有效率的整理電腦內文件

05 相片影音新感受

06 輕鬆享受網路生活

07 收發電子郵件

08 體驗有趣的娛樂市集

09 線上廣播與影音

10 多元化的網路媒體

11 資訊安全與病毒防護

12 認識文書處理 Word 2013

13 文件常用的技巧

1 電腦並不難 初步認識

1.1 生活中電腦可以做什麼？

電腦在我們的生活環境中，就像是常用的家電設備，舉凡休閒娛樂、長途通話、上網看新聞...等，都常見使用。

編輯文件好幫手

不論是活動事項、朋友通訊錄、隨身筆記、信件聯繫、食譜菜單...等各種生活或工作使用的文件，都可以運用電腦輕鬆進行編輯與插圖設計，讓電腦應用與生活緊密結合。

觀看數位相片與美化

常見人手一台手機或數位相機，隨時 "喀擦" 一聲以相片記錄生活。隨著數位時代的來臨，相機也由傳統的底片成像，演變至今由記憶卡來記錄影像；而透過電腦即可輕鬆瀏覽與分享，省去將相片或底片掃描的步驟，保存相片也變得更容易、方便了。

透過簡易的影像編修軟體，不但可以對相片進行校色、裁切、亮度陰影、紅眼、上色...等調整，更可以將相片傳送到網路上與親朋好友立即分享。

影片音樂新感受

播放和管理電腦上的數位媒體檔案，像是播放音樂與影片、建立播放清單...等，讓忙碌的生活，能藉由音樂放鬆心情。利用電腦也可以聽廣播、網路音樂或看影片，提供最新時事、路況、財經消息或用來學習語言...等的全方位服務。

體驗有趣的娛樂市集

體驗相片、遊戲、音樂與影片...等各類型應用程式,既可放鬆心情又可讓您發揮聰明才智與網路上的遊戲夥伴一較高下,透過電腦娛樂讓生活更有趣。

幾米世界的角落-首頁1

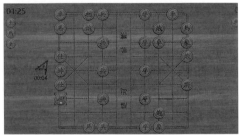

看新聞查天氣

俗話說 "秀才不出門,能知天下事",只要透過電腦及網路連線,不需要苦等電視新聞與氣象報告的時段,即可得到最新消息。

生活美食吃大餐

常在電視美食節目看到推薦的精選美食而口水直流嗎？網路資訊用心整理讓您可以依關鍵字與地址快速找到相關資訊，不用走透透也能成為美食達人。

醫療保健知識

可查詢各大醫院門診時間、線上掛號；若是遇上健康問題時也可先上網尋求建議參考，從網路分享可獲得不少健康保健常識。

1.2 電腦的組成元素

電腦是由硬體和軟體所組成。「硬體」指的是組成電腦的電子電路及各項設備；而「軟體」指的是告訴電腦做什麼的指令或程式。

硬體設備 (Hardware)

硬體的特性是看得見、摸得著，實實在在的東西，例如：主機、滑鼠、鍵盤、螢幕、印表機、光碟機...等裝置。每一種硬體設備都有它們的作用，像是可用鍵盤輸入資料；用螢幕來欣賞存放在電腦中的相片；還可以用印表機將數位相片檔印出來。

軟體應用 (Software)

電腦軟體同樣可以分成四大類：

一、作業系統 (Operating System，簡稱 OS)

作業系統是介於電腦硬體與應用軟體之間的程式，它除了負責電腦開機的工作之外，更重要的是負責安排各項應用程式的執行，以及管理各項軟硬體的設定與執行工作，舉凡電腦中大大小小的雜事，都必須靠作業系統負責協調，否則就容易造成系統不穩定，甚至當機的情形發生！

目前的作業系統在個人電腦上主要以微軟的 Windows 為主流；而麥金塔 MAC 電腦則是以 Mac OS 作業系統為主；另外在 Linux 作業系統也是近來相當流行的免費授權軟體，多使用在工作站級的電腦上；至於伺服器級的電腦則以 UNIX、Windows Server 為主流，它們能提供較佳的系統管理與應用程式最佳化的動作。

Windows 作業系統

Mac OS 作業系統

二、應用軟體 (Applications)

應用程式是針對特定任務或功能所設計的程式，如 Microsoft Office 可用於文書處理、資料庫管理、試算表、投影片簡報... 等；Google Chrome 則可上網瀏覽資訊；Adobe Dreamweaver 可設計網頁，Photoshop 可為影像編修加上特效。

三、工具軟體 (Tools)

工具軟體是用來管理電腦資源的程式，例如 Norton Utility 可用來管理記憶體或磁碟；ACD See 則用來瀏覽電腦中的圖形檔案；WinZip 則是負責解壓縮檔案的工具軟體。

四、程式語言 (Programming Languages)

程式語言是用來設計程式或應用軟體的電腦語言，如 Visual Basic .NET、C++、C#、Java、Visual FoxPro、Delphi、PHP... 等。

1.3 電腦類型

電腦已充斥在生活的大、小設備中，除了個人電腦與筆記型電腦，人手一台的智慧型手機、平板、家電用品、悠遊卡系統、提款機、買票機...等，都是透過各式微型或大型電腦操控運作。在開始學習使用您手頭上的電腦之前，先來認識一下目前主流的各式電腦。

個人電腦 (PC)

PC 是 「Personal Computer」 的縮寫，意指個人電腦，也稱桌上型電腦。一般常見的桌上型電腦體積不大，主要由主機、螢幕、鍵盤、滑鼠四項硬體組成，除了這些基本硬體之外，當然還有一些周邊設備，像是電腦喇叭或是耳機麥克風、繪圖板...等。

電腦螢幕　　　　　電腦主機　　光碟機

電腦喇叭　　　鍵盤　　　　　　　　滑鼠

近年則是開發了 All in One 桌上型電腦這項新產品,最吸引人的部分是將電腦主機與螢幕合而為一並可以多點觸控,流線輕巧不佔空間還可隱藏原本主機與螢幕間雜亂的電線。

筆記型電腦 (NoteBook)

精緻時尚的外型、輕薄短小所以不佔空間、待機時間長、低輻射,且搭配藍牙、無線或行動上網功能,適合商務人士隨身攜帶。新型的筆記型電腦還配備了觸控式螢幕,相關配備如下圖標示:

觸控式螢幕　　攝影鏡頭

喇叭聲道

鍵盤　　觸控面板　　電腦主機

麥金塔電腦 (Macintosh)

麥金塔是美國蘋果公司 (Apple) 推出的
電腦機種，由於界面漂亮、操作簡便，
所以在美國、日本、歐洲都有不錯的市
場佔有率，但是在台灣因為價格始終較
PC 貴，導致使用者多集中在專業的排版
人員及專業設計師，此外近年更推出消
費性產品 iPod 與 iPhone。

平板電腦 (Tablet PC)

平板電腦此款行動裝置是一種全新的電腦產品類型，目前市面上有桌上型、掌上
型、筆記型...等類型機種，擁有電腦的功能特性又同時兼顧工作與娛樂性。作業系統
分別為 Apple iOS 或Google Android...等，部分搭配可旋轉螢幕、數位筆手寫輸入，因為
體積更輕薄，易於攜帶的特性是許多人選用的原因。

智慧型手機 (Smartphone)

智慧型手機此款行動裝置與平板電腦
相似，提供電腦常用的功能再搭配
獨立的作業系統 (Apple iOS、Google
Android、BlackBerry...等)，但外型較
平板電腦小，可放入口袋中隨身攜
帶，並擁有電話功能與 GPS...等偵側
感應。

嵌入式電腦 (Embedded Computer)

從家用電子體溫計、變頻蒸氣洗衣機、
變頻電冰箱、蒸氣微波烘烤微波爐到商
業用全自動相片沖印機、大眾捷運系
統自動售票機、電腦影音 KTV 伴唱機…
等，這些可經由簡易觸控式面板操作的
電器品，其運轉多是靠隱藏於內部的微
電腦所控制，即稱為嵌入式電腦。

穿戴式電腦 (Wearable Computer)

科技始終來自於人性的需求，隨著半導體技術與積體電路不斷推陳出新，電器用品
已經不再侷限於方方正正的實體，只要將電子晶片置入衣物或配件後，披掛或黏在
於身上，再與無線通訊結合，就能使生活更便利化；例如未來在居家看護上，獨居
老人或長期慢性病者可利用披掛在身上，具有人機介面之居家用醫療檢測設備，在
血壓過高或心跳過低…等突發狀況時，自動通報 119 請求協助，而醫生也可以經由視
訊來了解近況，達到遠距居家照護服務。

https://www.itri.org.tw/

1.4 輸入裝置

輸入裝置 (Input Devices) 是電腦接受外部資料的管道；外部資料可以是文字、影像、聲音、指令、條碼...等，常見的個人電腦輸入裝置有：鍵盤、滑鼠、觸控螢幕、觸控板、掃描器...等。

鍵盤 (Keyboard)

鍵盤：是輸入文字資料與傳遞操作訊息至電腦的設備，鍵盤上方除了有數字、字母鍵，還有功能鍵、方向鍵...等電腦操作所需的按鍵，每個按鍵所對應的功能不同，當按下該按鍵再由電腦去判斷應該呈現的反應與效果。

1. 薄膜式鍵盤

現在的鍵盤以「薄膜式鍵盤」為主流，薄膜式鍵盤的架構除了鍵盤本體的上下蓋、鍵帽之外，最重要的就是三張薄膜，當手指從鍵帽壓下時，上方與下方薄膜就會接觸通電，即完成導通，就能輸入資訊進入電腦。

2. 機械式鍵盤

薄膜式鍵盤量產之前，幾乎都是使用機械式鍵盤。在輸入時會發出 "達達" 的按鍵聲，價位較高，機械式鍵盤主要是透過 "軸" 用機械的方式來觸發訊號。機械式鍵盤最大的優點就是耐用期限比一般薄膜式鍵盤還久，而且如果一顆按鍵感應不良，只需更換一顆按鍵，薄膜式鍵盤則必須更換整個鍵盤。

滑鼠 (Mouse)

滑鼠：是一個小巧、可滑動的設備，使用時運用滑動和食指點擊滑鼠按鍵的操作方式向電腦傳遞命令。市面上常見的滑鼠設計多為包括一個滾輪及左、右二個按鍵，可以有執行、移動、開啟、拖曳...等功能。

1. 機械式

這種滑鼠的底部有一顆圓球，如果拆開滑鼠的外殼，還可以看見一個橡皮滾球與三個滾軸。通常必須配合滑鼠墊才能有比較好的操作性，此外也必須定期清潔橡皮滾球與滾軸，才能有較佳的靈敏度。

早期的滑鼠都為機械式，然而在光學滑鼠盛行的情況下，市面上已較難找到機械式滑鼠了。

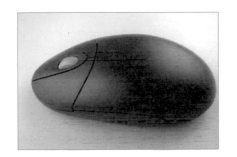 

2. 光學式

目前主流之一，底部有一個發光體和感光器，移動時滑鼠發光體會開始發光，藉由放置滑鼠的表面所反射回來的光線來計算滑鼠移動距離，使用起來非常的方便，又沒有一般機械式滑鼠需要配合滑鼠墊與清潔的問題！

3. 無線光學式

此種滑鼠結合上述光學式滑鼠的優點，再配合紅外線或藍牙技術，讓電腦使用者可以擺脫一堆線路纏身的問題。此種滑鼠通常會附上一個紅外線接收器，用來接收無線滑鼠所發出的紅外線，也可使用藍牙直接進行連結使用。

觸控螢幕 (Touchscreen)

觸控螢幕：人們與電腦設備的溝通大多靠「按鈕」，現在有了「觸控技術」則開創出新的使用模式，從提款機、便利商店的售票機到平板電腦、智慧型手機...等，觸控式螢幕早已普及在日常生活中。

為什麼只是在玻璃板上按一按、滑一滑，電腦就能知道你想做什麼呢？因為液晶面板上會覆蓋一層壓力板，當手指碰觸到螢幕時，傳感器就輸出訊號，控制器會將訊號傳給電腦解讀，再經由驅動程式元件編譯，最後輸出到螢幕上且顯示出手指觸摸位置所要求的資訊。

觸控板 (Touchpad) 與軌跡球 (Trackball)

觸控板： 常見於筆記型電腦鍵盤下方的一塊方型板子，主要是藉由感應使用者手指在觸控板上的動作與位置來回應，內有兩個隱形按鈕，可讓您像使用滑鼠左右鍵般的操作。(每個品牌筆記型電腦的觸控板手勢都不盡相同)

另外也有獨立式的觸控板，例如針對 Mac 桌上型電腦設計的 Multi-Touch 觸控板，單獨一塊方塊觸控板可搭配個人電腦或筆記型電腦使用，不同品牌的觸控板尺寸也不盡相同，可依您的桌面空間斟酌購買。

軌跡球 有獨立式的或與滑鼠整合在一體的，或許很多人沒用過軌跡球，不過軌跡球的歷史不僅比滑鼠還要長，長時間使用的副作用也比較小。主要是一顆可滾動的球，使用者藉由手指轉動球體來操作螢幕上的指標，一些重度玩家常會選用。

網路攝影機 (Webcam)

網路攝影機： 網路攝影機又稱為 WebCam，具有錄像、傳播和靜態圖像捕捉...等功能，目前筆記型電腦大多有內建此設備，而較新型的桌上型電腦也陸續跟進。

麥克風 (Microphone)

麥克風：是聲音的輸入設備，常用於錄音、網路電話 (如 Skype) 通話...等。筆記型電腦大多已內建麥克風於機身，而若您是使用桌上型電腦 (All in ONe 電腦不一定) 可視需求購買這項設備，常見的電腦用的麥克風有標準 3.5 mm 接頭、USB 接頭或以藍牙式無線耳機麥克風。

掃描器 (Scanner)

掃描器：最主要的功能就是將圖片或文件掃描成電腦所能讀取的格式。例如要製作一份旅遊地圖報告，可能已收集了各個旅遊景點的相片與相關資料，此時再透過掃描器將這些辛苦蒐集來的相片，掃描成電腦可以讀取的圖片檔，然後於文書處理軟體中加入相關的文字說明與圖片檔就可完成一份圖文並茂的文件報告。

1.5 輸出裝置

輸出裝置 (Output Devices) 可將資料或電腦處理完畢的結果展現在眼前,常見的個人電腦輸出裝置有:螢幕、喇叭、印表機、繪圖機、3D 印表機...等。

螢幕 (Monitor)

螢幕:主要會將電腦運作的畫面、使用者編輯的檔案或執行結果的裝置呈現出來,因此屬於輸出裝置。

隨著數位資訊時代的進步,液晶螢幕(LCD)已經取代了傳統厚重的映像管電腦螢幕 (CRT),為配合 Windows 8 系統,更開始了觸控式螢幕於一般家用電腦的應用。目前也隨著科技廣泛發展而有多種大小尺寸規格可供選用。

喇叭 (Speaker)

喇叭:是電腦播放音樂與影片時重要的設備之一,若使用 5.1 聲道的喇叭則可享受到臨場感高的立體聲音效。

印表機 (Printer)

印表機主要是將電腦中的資料、圖片列印在紙張上，就列印的方式來說，可以將之分為四大類：

1. **點矩陣印表機**：此為舊式印表機，優點是耗材 (色帶和紙張) 便宜，且可以列印複寫紙及連續的報表紙，方便公司機關處理訂單、報價單、出貨單...等，缺點則是速度慢，運作聲音大。

2. **噴墨印表機**：這是目前最多人使用的印表機，不僅價格便宜，列印速度、品質也較佳，但是耗材費用 (墨水匣與紙張) 卻比點矩陣印表機、雷射印表機貴。

3. **雷射印表機**：雖然價格較前面二種機型來的昂貴，但優點是列印很快，耗材相對的便宜很多，品質穩定，為目前公司行號的首選。

4. **多功能事務機**：廠商將印表機、掃描機、傳真機與影印機合併成四合一的多功能事務機，不需電腦即可操作使用，對於個人、家庭 SOHO 工作者或公司行號而言，都是相當經濟實惠的選擇。

3D 印表機 (3D Printer)

3D 列印被視為是新一波的工業革命，其原理是將噴出來的可硬化固定材質層層堆疊，即可形成 3D 立體的成品，目前已被應用於製造業、生技業、服飾業...等。

最新款的 3D 印表機 (例如 da Vinci 2.0 Duo 3D)，加載雙噴頭雙色列印技術，讓對色彩敏銳的您，增添加倍創意的新選擇，打造出屬於自己的夢幻成品。

1.6 儲存裝置

隨著資訊普及化和數位化，如果想帶著電子檔案和資料到處跑，除了將資料放在雲端，最常見的就是將資料儲存在 USB 隨身碟、光碟、行動硬碟、記憶卡...等儲存裝置中。

光碟片 (Disc)

光碟是繼磁碟之後所研發出來的新技術，因其體積小、容量大而深受使用者喜愛。光碟可以分成光碟片及光碟機兩個部份，光碟片是在反射性物質上覆蓋一層保護膜，藉由不同的反射面，將資料記錄在光碟片上；若要讀取光碟片上的資料，必須將光碟片放入光碟機，加以高速轉動，然後利用雷射光束探測反射面上的資料。

桌上型電腦的光碟機是內建在主機中，而筆記型電腦就依機型而異，有內建也有外接式的光碟機，讀取光碟片 (CD、DVD) 內的音樂、影片與其他文件資料，都需透過光碟機。光碟片的種類說明如下：

1. CD (Compact Disc) 光碟

CD 是用來儲存數位資料的光碟片，常用於文件或音樂資料儲存，直徑約 12 公分、播放時間約 80 分鐘、容量約 700 MB，依讀寫的特性分為以下類型

- **CD-R** (CD Recordable) 格式是一種可以 「寫一次讀多次」 的光碟片，雖然它可以寫入資料，但只能寫入一次，目前的售價已經非常便宜。

- **CD-RW** (CD ReWritable) 格式具有可重複讀寫的特性，只要透過燒錄軟體即可刪除光碟內容或重覆寫入資料。

2. DVD (Digital Video Disc，數位影音光碟)

這是飛利浦 (Philip) 和索尼 (Sony) 公司在 1992 年制定的光碟規格，支援高畫質與高音質的數位儲存模式，由於採用 MPEG-2 壓縮技術，儲存容量高達 4.7~17 GB，播放時間長達 133 分鐘，是現在影音光碟的主流產品。

· **DVD-R** 和 **DVD+R** 這兩種格式跟 CD-R 一樣，都只可寫入一次，差別在於容量比 CD-R 大很多，而因為 DVD 推出初期，同業競爭關係，雙方陣營支持推出的格式差異，才有 -R 和 +R 的兩種產品，基本上以現今市場上的錄放機或燒錄機，已經都支援這兩種規格了。

· **DVD-RW** 跟 CD-RW 一樣，是可以重覆抹寫的 DVD 光碟片，使用方式也相同，只是隨著一次寫入光碟片的超值耐用以及隨身碟的盛行，這種 RW 的光碟片市場已經慢慢萎縮，一般使用者購買的機率比較少。

3. 藍光光碟 (Blu-ray Disc)

高畫質藍光 DVD 可分為 Blu-ray 和 HD DVD 二種，傳統一片 DVD 容量大約 4.7 GB，若是有支援 Double Layer 雙面讀寫能力則擁有 8.5 GB 的容量；HD DVD 單層容量是 15 GB、雙層 30 GB 與三層 45 GB 的規格。而 Bluray Disc 的容量更高，單層 25 GB、雙層 50 GB、四層 100 GB 的容量。

· **HD DVD (High Definition DVD，「高畫質晰度 DVD」或「高畫質 DVD」)** 是一種以藍光鐳射技術儲存數位格式資訊於光碟上的產品。HD DVD 與其競爭對手 Blu-ray Disc 有些許相似之處，光碟片均是和 CD 同樣大小 (直徑120mm) 的光學數位格式儲存媒介，使用 405 奈米波長的藍色鐳射。

2008 年，原先支援 HD DVD 的華納公司宣佈脫離 HD DVD，以及美國數家連鎖賣場決定支援藍光產品，Toshiba 也於 2008年2月19日正式宣佈放棄 HD DVD 開發。

· **藍光光碟 (Blu-ray Disc，簡稱BD)**，可以使用儲存高品質的影音以及高容量的資料儲存。藍光光碟的命名是由於其採用波長 405 奈米的藍色雷射光束來進行讀寫操作 (DVD 採用 650 奈米波長的紅光讀寫器，CD 則是採用 780 奈米波長)，用以儲存高品質影音及高容量資料。每片 BD 容量為 50G，號稱是 DVD 的 5 倍，故畫質與影音表現更為出色。

USB 隨身碟、行動硬碟 (Flash Drive) (Mobile Disk)

1. **USB 隨身碟** 的體積很小，一般只有姆指大小，所以也有人稱為大姆哥或行動碟。
   透過 USB 埠與電腦連接，可以達到隨插即用、快速方便、保存性高、攜帶容
   易...等優點。

2. **行動硬碟**：對於大量資料的保存，可以選擇利用隨身硬碟來達到備份目的。目前
   市售的隨身硬碟常見的為 2.5 吋，並依容量分為 320 G、500 G、640 G...等規格，
   當然容量愈大價錢就愈高。

USB 隨身碟　　　　　　　　　　　　　　　行動硬碟

記憶卡 (Memory Card)

記憶卡常用於儲存數位相機的資料，當然也可以用於儲存電腦檔案資料，其種類十
分繁多，常用的有 SD 卡 (Secure Digital Card) 或是 CF 卡 (CopactFlash Card)。記憶卡挑
選的重點除了要與設備相容，容量及存取速度也是重要的考量，記憶容量愈大可以
儲存的資料就愈多，而存取速度愈快則表示相機在連續拍攝時反應也愈快。

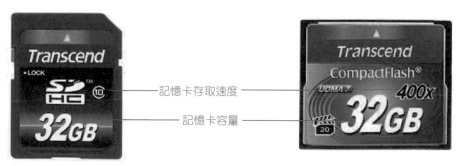

記憶卡存取速度

記憶卡容量

SDHC 記憶卡　　　　　　　　　　　　　　CF 記憶卡

延伸練習

一、是非題

1. (　) 電腦的各種組成設備稱為「硬體」。

2. (　) 一般電腦主要分為桌上型電腦與筆記型電腦。

3. (　) 滑鼠可以輸入文字與傳遞操作訊息至電腦的設備。

4. (　) 網路攝影機又稱為 WebCam，具有錄像、傳播和靜態圖像捕捉。

5. (　) 透過光碟機可以讀取卡帶內的音樂或其他文件資料。

6. (　) 滑鼠使用時運用滑動和食指點擊滑鼠按鍵的操作方式向電腦傳遞命令。

7. (　) 喇叭是電腦播放音樂與影片重要的設備之一。

8. (　) 雷射印表機的缺點是列印很慢，耗材相對的很貴。

9. (　) 隨身碟是透過 USB 埠與電腦連接，可以達到隨插即用、快速方便。

10. (　) 桌上型電腦主要是由主機、螢幕、滑鼠、印表機組成。

二、選擇題

1. (　) 電腦設備中最主要也是組成最複雜的部分，電腦運作處理、訊息傳遞都是由什麼控制？
   A. 鍵盤　　　　B. 主機　　　　C. 螢幕　　　　D.硬體

2. (　) 下列何者可以將圖片或文件掃描成電腦所能讀取的格式？
   A. 印表機　　　B. 隨身碟　　　C. 掃描器　　　D.螢幕

3. (　) 下列何者不是電腦的輸出裝置？
   A. 繪圖機　　　B. 印表機　　　C. 鍵盤　　　　D.螢幕

4. (　) 下列何種印表機，可以列印複寫紙及連續報表紙？
   A. 雷射印表機　B. 噴墨印表機　C. 多功能事務機　D.點矩陣印表機

5. (　) 關於記憶卡下列何者說明是正確的？
   A. 常用的有 SD 卡或是 CF 卡　　B. 記憶容量愈大可以儲存的資料就愈多
   C. 存取速度愈快則表示相機在連續拍攝時反應也愈快　　D.以上皆是

2 電腦維護與
正確的使用姿勢

· 正確的硬體維護觀念

· 使用電腦的正確姿勢

正確的硬體維護觀念

電腦已成為日常生活必備的設備之一，然而經常使用之下或因使用習慣的不當而使設備偶而會出現一些小問題，學會簡單的維護知識讓設備用起來更加得心應手。

主機、鍵盤和滑鼠的維護

1. 主機不要讓太陽直射、保持清潔、遠離高溫、潮濕與灰塵。

2. 插頭要插穩並保持電壓穩定。

3. 不要擋住主機及螢幕的散熱口，以免造成溫度過高。

4. 若是機械式滑鼠 (這種滑鼠的底部有一顆圓球)，其橡皮球和滾軸髒了，可輕輕拆開滑鼠底部，清潔之後再裝回去即可。

螢幕的維護

1. 不使用時，加蓋防塵套或以拭鏡紙、清水擦拭，保持清潔。

2. 螢幕四周保留適當空間供螢幕散熱之用。

3. 不可壓置重物或震動，以免畫面移位。

4. 遠離喇叭、電視、吹風機...等一般電器，以免造成磁場干擾。

光碟片的維護

1. 光碟片應避免接觸強烈的有機溶劑，這一類的溶劑會破壞基底層的塑膠成分，使損壞的光碟無法修復。

2. 陽光直接照射光碟片，會加速其老化損壞或讀取錯誤。

3. 光碟片若沾有灰塵或污漬，請以光碟片專用清潔布加以擦拭。

4. 光碟片不使用時最好存放於獨立的保護盒，可以避免遭受外物損害或刮傷。

光碟機的維護

1. 若光碟機的讀寫頭髒掉了，請以清潔光碟片加以清潔。

2. 儘量以雙手並用將光碟片置入光碟機中，一隻手托住光碟盤，另一隻手將光碟片確實固定，可避免因壓力讓光碟盤變形受損。

3. 光碟機燈亮時，勿做抽取或退片的動作，以免刮傷光碟片。

印表機的維護

1. 印表機要放置平穩。

2. 若發生卡紙的情況，請小心取出卡在印表機內的紙張，切忌用力撕扯，以免損傷感光桿...等重要部位。

3. 使用回收紙之前，請將回收紙壓平減少摺痕，以免造成卡紙。

4. 雷射印表機裝置碳粉匣之前，請先搖動碳粉匣幾下。

使用電腦的正確姿勢

現代人每天使用電腦的時間可能超過八小時,如果姿勢不正確,可能會造成肩頸痠痛、眼睛疲勞或是其他文明病。

自我檢查

調整姿勢之前要先自我檢測,日常生活中手部會不會常覺得痠麻?或是常覺得肩膀緊、頭痛、脖子痠...,如果有類似的症狀,再加上是電腦重度使用者,很有可能是因為電腦使用過度且姿勢不正確導致的。

其實只要在平日多注意以下幾個基本的小原則,稍微調整注意一下坐姿,這些文明病將不再惱人!

設備位置

1. **螢幕**:將電腦螢幕置於座位前方中央,螢幕位置擺放的太高或太低都可能造成頸部或背部痠痛;若長期太靠近電腦螢幕使用時,眼睛也會容易疲勞。

2. **鍵盤、滑鼠**:這二個設備建議放置於與手肘相同的高度平面上,將鍵盤置於您前方中央,滑鼠則置於鍵盤一側。

將經常使用的物品放置在手臂可以舒適伸展並拿到的距離內;桌子底下儘量不要有其他雜物,讓腳部可以舒服地置放與移動。

正確的坐姿

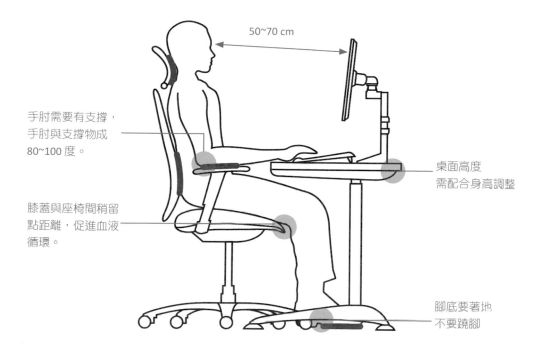

50~70 cm

手肘需要有支撐，
手肘與支撐物成
80~100 度。

膝蓋與座椅間稍留
點距離，促進血液
循環。

桌面高度
需配合身高調整

腳底要著地
不要蹺腳

1. **眼睛**：眼睛距離螢幕約 50 公分以上，標準視線應該是眼睛平視電腦字幕的第一行，如果視線是幅度較大的俯角或仰角，長期使用容易導致脖子痠痛不舒服或壓迫神經。

   電腦的亮度與背景的亮度對比不能相差太多，若在比較暗與光線不足的地方使用電腦，會過於刺激眼睛造成疲勞及痠痛，同時螢幕的明亮、對比與字體大小都要調整到自己覺得舒服的程度。

2. **手部**：將手以最舒服的姿勢放在書桌上，書桌和椅子的距離不要太遠，手肘需要有支撐，不要讓手肘懸空。手腕應是自然伸直使用滑鼠，不應該有傾斜彎曲或是向上、向下的姿勢。

3. **頭背部**：頭與背部最好都可以靠於椅背上得到好的支撐，若座椅太長背部無法靠到椅背，可以在背後上放置一個靠枕，這樣才不會因為使用時間過長導致頭頸背部的痠痛。

4. **腳部**：髖骨與大腿、大腿部分與小腿、小腿與腳板相互的角度都要擺放為直角，而且儘量不要蹺腳，蹺腳會導致血液循環不佳及髖骨傾斜。如果因為桌椅高度問題而無法舒適地將腳放在地板上，建議可以使用腳墊來減少腳部的壓力。

正確姿勢相關設備

因為每個人的體型與工作環境都不相同,可藉助一些小道具來調整周圍環境與安排電腦設備,以符合個人使用習慣,並讓自己可以用最舒適的姿勢來使用電腦。

1. **椅墊、背墊、腳墊**:當外在設備不能隨著身型改變的時候,可以藉由不同的墊子,讓身體得到合適的支撐。

2. **人體工學或可調整式椅子**:現在市面上的椅子,依照人體身型或周邊設備的限制(如:桌子高矮、房間大小),衍生出多款符合人體工學的樣式,在購買時可以依照自己需求仔細挑選。

3. **滑鼠護腕墊、鍵盤護腕墊**:當使用滑鼠或鍵盤的時候,手常會不自覺懸空呢?長期下來很容易造成手腕和肩膀的壓力,透過護腕墊,可以提供很好的支撐。

4. **筆記型電腦散熱架**:由於筆記型電腦的螢幕與鍵盤是合在一起的,所以比較難符合正確使用姿勢,這時可透過「散熱架」...等類似設備來輔助,不但可以讓筆記型電腦不易過熱,同時也可以籍此調整設備高低來符合人體的身型。

舒緩緊繃肌肉的方法

1. **適當的休息時間**：使用電腦時，約每隔 30 分鐘就必須讓身體動一動、休息一下。這樣可以減少因為固定姿勢過久而造成的各種疾病，不需要太大的動作，例如：在座位上伸個懶腰、站起來去上洗手間或是倒杯水都可以，有效的伸展肌肉即可讓身體獲得休息。

   若因太投入學習或工作而忘了適當休息，建議可以使用計時器協助。

2. **泡熱水澡或溫泉**：將水溫調到 39 度 C ～ 40 度 C，以半身浴的方式，水的高度不要超過胸口，泡約 10 至 15 分鐘即可。

3. **電毯**：身體部分如：肩頸、腰背的不舒服，可以使用小型電毯擺在相關部位，讓肌肉在溫呼呼的溫度中放鬆，但要注意使用的時間及溫度都需要以設備的操作手冊上的說明為主。

4. **按摩**：藉由按摩來舒緩肌肉的緊張狀態，現在坊間有各國的按摩方法，或是尋求適合的機器按摩也有不錯的效果。

延伸練習

一、是非題

1. (　) 主機可以讓太陽直射，不需保持清潔？

2. (　) 不使用電腦螢幕時，需加蓋防塵套或以拭鏡紙、清水擦拭，保持清潔。

3. (　) 電腦螢幕要遠離喇叭、電視、吹風機...等一般電器，以免造成磁場干擾。

4. (　) 光碟片若沾有灰塵或污漬，可以用衛生紙擦拭即可。

5. (　) 陽光直接照射光碟片，會加速其老化損壞或讀取錯誤。

6. (　) 光碟機燈亮時，可以做抽取或退片的動作。

7. (　) 發生印表機卡紙時，得小心取出卡在印表機的紙張，切忌用力撕扯。

8. (　) 使用回收紙放置印表機時，請將回收紙壓減少摺痕，以免造成卡紙。

9. (　) 光碟片不使用時，最好存放在獨立的保護盒當中，可避免刮傷。

10. (　) 使用電腦正確的坐姿，手肘與支撐物成 50~70 度。

二、選擇題

1. (　) 使用電腦時，眼睛與螢幕的距離至少需要幾公分？
   A. 50 公分　　　B. 40 公分　　　C. 80 公分　　　D. 30 公分

2. (　) 使用電腦時，需要每隔多久時間就必須休息一下？
   A. 20 分鐘　　　B. 不用休息　　　C. 40 分鐘　　　D. 30 分鐘

3. (　) 舒緩緊繃肌肉的方法，利用泡熱水澡或溫泉，以半身浴方式需要泡約幾分鐘即可？
   A. 20~30 分鐘　　B. 10~15 分鐘　　C. 5~10 分鐘　　D.15~20 分鐘

4. (　) 舒緩肌肉的緊張狀態，除了可以使用按摩方式，還可以使用？
   A. 運動　　　B. 跑步　　　C. 電毯　　　D.沖澡

5. (　) 當外在設備不能隨著身型改變的時候，可以藉由下方何者墊子，讓身體得到合適的支撐？
   A. 椅墊　　　B. 背墊　　　C. 腳墊　　　D.以上皆是

3 Windows 8.1
操作

3.1 開啟電腦進入畫面

良好的開機、操作與關機習慣可以擁有穩定的電腦性能並可延長設備的使用期限。

為了避免電腦主機在開啟的過程中,被其他週邊設備陸續開啟時所產生的電流影響,建議先開啟週邊設備 (如:螢幕、喇叭...等) 電源,再開啟電腦主機。

開啟電腦的第一個畫面,會看到由四個方塊 (Windows Logo) 所組成的啟動圖,待幾秒的運作後會直接進入 Windows 8.1 **開始** 畫面。(Windows 8 與 Windows 8.1 的操作方式相似,在本書以 Windows 8.1 進行操作說明)

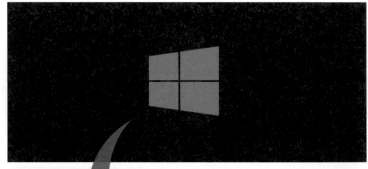

如果您的系統使用者帳戶設定了登錄密碼，開機後會先出現 **螢幕鎖定** 畫面，按 Enter 鍵會出現 **使用者帳戶** 畫面，這時需要於 **密碼** 欄位輸入登錄密碼並按右側的 → 才能進入 **開始** 畫面。

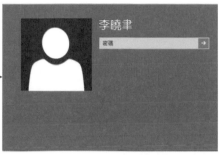

3.2 滑鼠與鍵盤的使用

「滑鼠」與「鍵盤」是操控電腦的好幫手，雖然現在部分新型的螢幕擁有觸控功能可直接點按螢幕進行操作，但大部分的電腦還是需要運用滑鼠與鍵盤選按畫面中的功能鈕才能下達相關指令。

滑鼠基本介紹

滑鼠是使用者最常用的電腦輸入設備，常見的款式為左、右二鍵與滾輪的組合，它可以鎖定目前螢幕上的游標，透過按鍵和滾輪裝置對游標所經過的系統、應用程式元素進行操控。

滑鼠左鍵是用來執行或選取，而右鍵則是用來顯示其他功能表。

左鍵

右鍵

滾輪

滑鼠操控方式

當移動滑鼠時，螢幕上的滑鼠指標 ⩗ 會跟著移動，可以藉著滑鼠的移動來控制指標，以下就是滑鼠的基本操作：

1. 移到、指到 (Pointing)

不按滑鼠左、右鍵，僅輕輕握住推移滑鼠，就可將滑鼠指標 ⩗ 移到 (指到) 桌面上的某一位置或項目上。

2. 按一下 (Clicking，點取、選按或點選)

當滑鼠指標 ⩗ 移到特定位置上，按一下滑鼠左鍵並立即放開，這叫做「按一下」。

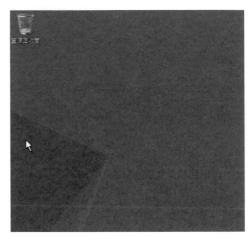

開始 畫面：將滑鼠指標移到動態磚上按一下滑鼠左鍵，可開啟該應用程式。

傳統 桌面：將滑鼠指標移到桌面圖示上按一下滑鼠左鍵，可選取該圖示。

3. 連按二下 (Double-Clicking)

滑鼠移至圖示上，迅速地連續按二下滑鼠左鍵，例如：於傳統 桌面，將滑鼠指標移至 資源回收筒 圖示上，並「連按二下」可開啟相關視窗。

4. 拖曳 (Dragging)

先將滑鼠指標移至動態磚或圖示上，按
滑鼠左鍵不放，然後移動滑鼠指標至新
的位置，再放開滑鼠左鍵，叫做「拖
曳」或「拖移」。例如：於 **開始** 畫
面，在任一動態磚上按滑鼠左鍵不放，
以「拖曳」方式移動可調整動態磚擺放
的位置。

5. 按一下滑鼠右鍵

將滑鼠指標移至動態磚或桌面圖示上按一下滑鼠右鍵，可開啟相關 **快速選單** 或一個
包含各種有用指令的 **快顯功能表**，其內容依據選按位置的不同而有所調整。

開始 畫面：於動態磚上按一下滑鼠右鍵，畫面
下方會出現快速選單。

傳統 **桌面**：於桌面圖示上按一下滑鼠右鍵，可
出現相關快顯功能表。

指標	名稱與功能
![標準選擇指標]	**標準選擇指標**：一般常見形式，有時搬移也使用這種指標。
	文件選取指標：文件段落大範圍的選取。
	調整垂直、水平大小指標：將指標正好移到視窗或物件的邊框線上時，會出現雙向箭號，拖曳滑鼠可縮放視窗或物件高度或寬度。
	對角線調整指標：當指標移到視窗或物件邊框的四個角落時，會出現斜角雙向箭號，此時可雙向 (上下及左右) 放大或縮小視窗。
	移動指標：當指標移至物件的位置時會出現此種指標。
	界線移動指標：如檔案總管的資料夾與內容界線指標。
	選擇連線指標：選定說明或連結項目會出現此種指標，在輸入中文時選按輸入法狀態，及同音字、相關字詞選取的指標。
	選擇文字指標：系統預設為插入 (Insert) 狀態。
	忙碌中指標：讀寫資料或運算時，出現的滑鼠指標。
	無法使用指標：表示目前的動作無效。
	複製指標：檔案或資料利用拖曳複製時所顯示的指標。
	搬移指標：檔案或資料利用拖曳搬移時所顯示的指標。

鍵盤基本介紹

鍵盤大致上可以分成「打字鍵區」、「功能鍵區」、「數字」及「編輯鍵區」...等區域，只要清楚各區域的用途及按鍵，等一下的操作就可以駕輕就熟。

功能鍵區　　　　　　　　　　　　　　　　　　數字及編輯鍵區　　　指示燈

打字鍵區　　　　　　　　　　　方向及編輯鍵區

● **功能鍵區**：有 F1 ～ F12 共 12 個功能鍵，以及 Esc 跳離鍵。

● **打字鍵區**：包括數字與英文字的按鍵，其中： BackSpace 刪除鍵、 Enter 換行鍵、 Tab 定位鍵、 Caps Lock 大小寫切換鍵、 Space 空白鍵...等，為打字時常用的相關功能鍵。

● **方向及輯鍵區**：此區總共有 ↑、↓、←、→ 四個方向鍵及 Insert 插入鍵、 Delete 刪除鍵、 Home 歸位鍵、 End 結束鍵、 上一頁鍵、 下一頁鍵，輔助文件編輯之用，有些新式鍵盤則將此區分散安排至其他位置。

● **數字及編輯鍵區**：數字及編輯鍵區位於鍵盤右方，具有數字相關按鍵及運算鍵，可使用 Num Lock 鍵進行轉換，一般常用來輸入數字。

● **指示燈**： Num Lock (數字 \ 編輯功能)、 Caps Lock (英文字大小寫)、 Scroll Lock (使用捲頁動作) 功能轉換燈。

3.3 接觸「開始」畫面

透過 Windows，可以使用最熟悉的桌面或是使用應用程式動態磚；並可隨著您的喜好觸控滑鼠、螢幕或鍵盤，現在就正式地踏入 Windows 系統吧！

認識畫面

進入 Windows 8.1 (Windows 8) 首先看到的是嶄新的 **開始** 畫面，以一塊塊色彩鮮明的方形圖示組合呈現，方形圖示代表的是一個個應用程式，在操作中稱為 **動態磚**。

使用者名稱：當電腦中設定了多個帳戶以供不同的使用者共用這台電腦時，可於此處辨別目前的使用者或進行使用者的切換。

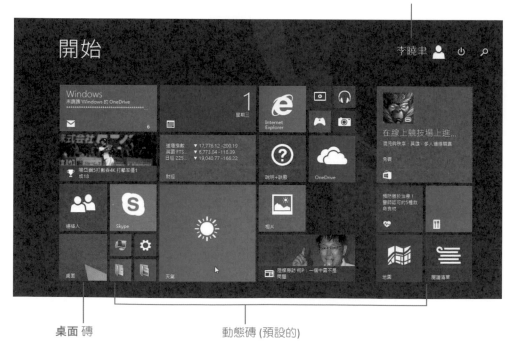

桌面 磚　　　　　　　動態磚 (預設的)

point

尋找桌面與開始鈕

習慣之前 Windows 系統操作環境的使用者，在心中想必已開始存有許多疑問？原有的桌面與開始鈕呢！別擔心，在 3.4 節中會詳細說明如何使用傳統的使用環境。

認識「動態磚」

Windows 8.1 **開始** 畫面排列了許多顏色寬度不一樣的 **動態磚**，那就從動態磚開始認識全新畫面的使用方式。

應用程式名稱

部分動態磚會提供即時的動態訊息

- 🔘 **動態磚：開始** 畫面上的每塊動態磚均已指定連結到 **連絡人、郵件、行事曆、相片、地圖、市集**...等應用程式，只要選按想開啟的應用程式動態磚就可開啟該應用程式畫面。

- 🔘 **開始** 畫面要釘選多少個動態磚都行，也可以將動態磚拖曳排列成喜歡的順序。若是連線上網路，**財經、天氣、體育、新聞、訊息中心**...等動態磚會顯示最新最即時的訊息，不必開啟任何應用程式就可以收看。

- 🔘 於 **開始** 畫面下方按 🔘 鈕，可以瀏覽更多應用程式磚，於動態磚按一下滑鼠右鍵，在清單可以選擇將它釘選在開始畫面或是桌面工作列上。

動態磚 (預設的應用程式)　　　　　　　動態磚 (自行安裝的應用程式)

用「動態磚」開啟應用程式

應用程式是一系列按照特定順序組織電腦資料和指令的一個集合，Windows 8.1 預設的應用程式有：**連絡人、郵件、行事曆、相片、地圖、市集、財經、體育**...等，這些預設的應用程式會以動態磚的型式釘在 **開始** 畫面上。

現在試著體驗動態磚的功能，開啟 **開始** 畫面中的 **新聞** 應用程式，並指定想要觀看的頻道，就可以看到最即時的各項新聞內容。

01 於 **開始** 畫面選按 ▣ **新聞** 磚開啟應用程式，即會開啟 MSN 新聞頁面。

02 拖曳下方滑桿往右可瀏覽更多新聞類別，選按想要瀏覽的該則新聞時，會開啟詳細的新聞內容，瀏覽後於畫面左側上方按 ◉ 可回到上一頁。

跳離應用程式回到「開始」畫面

進入應用程式後，只要將滑鼠指標移至畫面左下角，於 **開始** 鈕上按一下滑鼠左鍵，即可再度回到 **開始** 畫面。

切換與關閉應用程式

當開啟了多個應用程式，想要快速切換到某一個或想查看目前到底開了哪些應用程式時，首先將滑鼠指標移至畫面左上角，再往下滑動展開 **應用程式選單**，於想要開啟的應用程式縮圖上按一下滑鼠左鍵即可切換至該應用程式。

應用程式選單

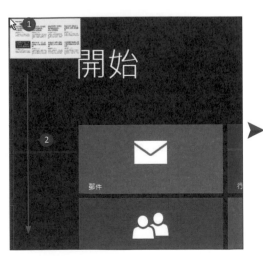 

於 **應用程式選單** 想要關閉的應用程式縮圖上按一下滑鼠右鍵，再按 **關閉** 鈕，即可關閉該應用程式。(目前正在使用中的應用程式，則不會顯示於 **應用程式選單** 中，所以也無法進行關閉，建議回到 **開始** 畫面再執行關閉的動作。)

使用「工具選單」

Windows 8.1 將常用的五大工具整理於右側隱藏的 **工具選單** 中。將滑鼠指標移至畫面右上角再往下滑動 (或是移至畫面右下角往上滑動)，**工具選單** 就會從畫面右側滑出，同時畫面左下角會出現目前的時間日期。

工具選單

工具選單 中提供了 Windows 常用的五大工具：**搜尋**、**分享**、**開始**、**裝置** 與 **設定**。

● 於 **工具選單** 選按 🔍 **搜尋**：只要在搜尋欄位中輸入關鍵字，即可搜尋 Windows 8.1 內預設或自己安裝的應用程式以及檔案。

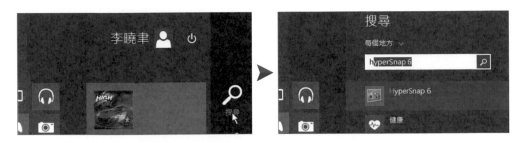

如果只是要針對特定項目做搜尋時，選按搜尋項目右側 ☑ 清單鈕，接著再選按要搜尋的項目即可。

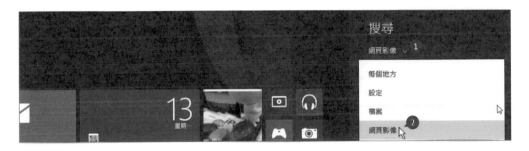

● 於 **工具選單** 選按 ⭐ **分享**：依目前所在的應用程式而定，可將看到的新聞、好玩的市集...等，透過 **連絡人** 或 **郵件** 傳送給朋友。

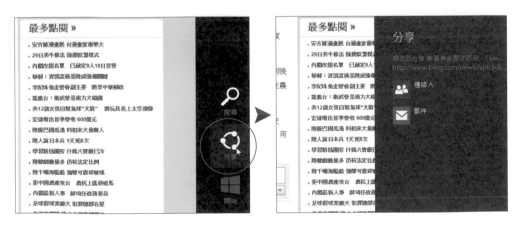

● 於 **工具選單** 選按 ▦ **開始**：可快速回到 **開始** 畫面。

● 於 **工具選單** 選按 🔲 **裝置**：若電腦有連接第二台螢幕或投影機，可透過此處選擇投影模式。

● 於 **工具選單** 選按 ⚙ **設定**：依目前所在位置而定，在 **開始** 畫面一定會有的功能：**網路、音量、亮度、通知、開啟/關閉、鍵盤**...等。

若在應用程式中則會有特定的功能項目 (例如：**新聞** 應用程式)。

3.4 進入傳統「桌面」與視窗管理

開始 畫面是 Windows 8.1 整合平版電腦與傳統電腦後設計出來的最新畫面，然而傳統的 **桌面** 並不是被取代了，只是重新設計在 **開始** 畫面的一角。

開啟傳統「桌面」環境

於 **開始** 畫面選按左下角的  **桌面** 磚可開啟傳統 **桌面** 環境，回到熟悉的操作環境做文書整理、簡報製作、文章編排、檔案管理...等工作。

---

point

回到開始畫面的方式

桌面 環境下，將滑鼠指標移至畫面左下角，再於 **開始** 鈕上按一下滑鼠左鍵即可切換回 **開始** 畫面。

認識「桌面」

Windows 8.1 中 **桌面** 預設環境十分簡潔，只會於桌面顯示 **資源回收筒** 圖示。

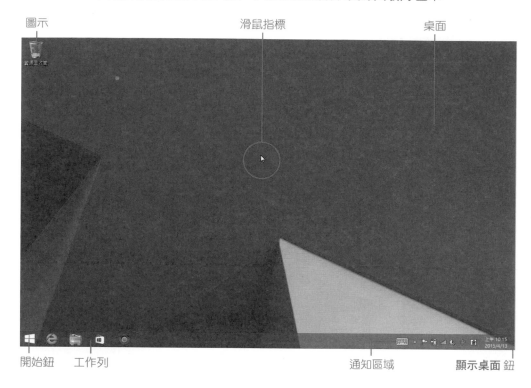

圖示　　　　　　　　　　　　　滑鼠指標　　　　　　　　　　　　桌面

開始鈕　　工作列　　　　　　　　　　　　　　　通知區域　　　　　**顯示桌面** 鈕

- **桌面**：工作的場所。可於桌面擺放常用應用程式的捷徑、資料夾、檔案、文件...等，讓操作更順手。

- **圖示**：檔案、資料夾、資源回收筒、應用程式捷徑...等，都可經設定用圖示於桌面上呈現，上圖中為 **資源回收筒** 圖示，於圖示上連按二下滑鼠左鍵即可開啟相關視窗或其應用程式。

- **開始鈕**：按一下滑鼠左鍵即可切換回 **開始** 畫面。

- **工作列**：使用者可將常用的應用程式捷徑擺放於此，預設擺放了 **Internet Explorer** 與 **檔案總管** 二個捷徑圖示。後續開啟的應用程式與文件檔案也會以縮圖擺放於此，以方便切換顯示。

- **通知區域**：會顯示小時鐘、音量...等小圖示，方便進行相關設定。

- **顯示桌面** 鈕：在該按鈕上方按一下滑鼠左鍵，可以快速返回桌面工作區。

開啟視窗

無論是開啟程式、文字、控制台或電腦...等,都會於桌面出現一個視窗,且於工作列上顯示該視窗的最小化圖示。現在就試著於工作列上選按 **檔案總管** 捷徑圖示,開啟相關視窗。

調整視窗的大小

視窗上的這三個按鈕分別可以隱藏、放大並填滿整個畫面以及關閉視窗。

視窗最小化鈕　　視窗最大化鈕 \ 往下還原鈕　　視窗關閉鈕

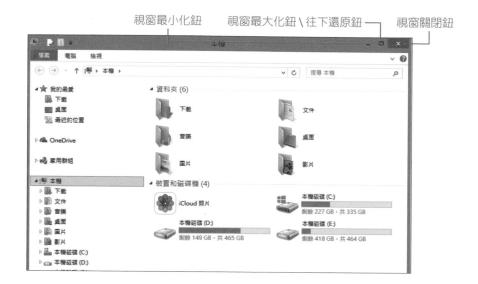

視窗最小化‧快速顯示桌面

Windows 的多工作業環境下，可以同時開啟多個視窗，但一次只能對一個視窗做編修或選取的動作。目前正在使用的視窗一定在最上層，如果桌面上開了一堆視窗可以於畫面右下角選按隱藏的 **顯示桌面** 鈕，即可快速回到桌面。

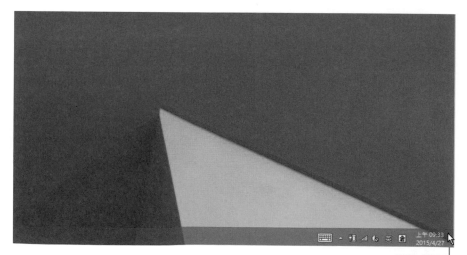

顯示桌面 鈕

工作列選按圖示開啟視窗

所有視窗最小化後只在工作列顯示該捷徑圖示，需要時再選按使用。

視窗切換最簡單的方法是於工作列進行選按，將滑鼠指標移至工作列捷徑圖示上會顯示即時縮圖，於縮圖按一下滑鼠左鍵即可開啟該視窗。

瀏覽並切換視窗

按 Alt 鍵再重複按 Tab 鍵可在目前開啟的視窗清單之間移動，一旦移動到要使用的視窗只要放開 Alt 鍵與 Tab 鍵即可開啟。

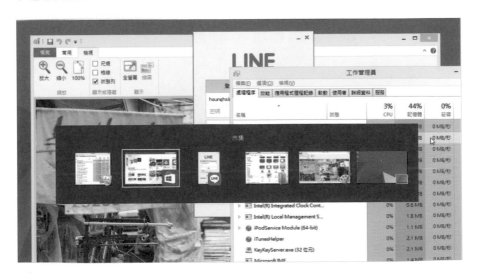

3.5 正確關閉電腦

如果不是正常關機而是直接長按主機上的開機鈕強迫關機時，會造成系統、應用程式與硬體某程度上的受損，所以當要結束電腦的使用，正確關閉電腦相當重要，不只可節省能源也有助於保障電腦安全。

Windows 8.1 的關機

"關機" 雖然只是一個小小的動作，但全新的 Windows 8.1 畫面沒有之前版本的 **開始** 鈕也看不到相關的圖示，那到底該如何關閉電腦呢？一起來看看 Windows 8.1 正確的關機動作：

01 首先將滑鼠指標移至畫面右上角再往下滑動，**工具選單** 就會從畫面右側滑出，選按 ⚙ **設定**。

02 下方選項區選按 ⏻ **開啟 / 關閉**，於清單中選按 **關機**，這樣就可關閉電腦系統了。

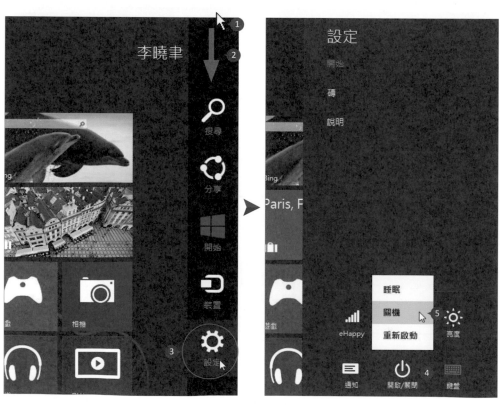

當選按  開啟 / 關閉，於清單中有 關機、睡眠、重新啟動 三項功能：

- **關機**：將目前電腦中正在運作的系統與應用程式完全關閉，並會自動關閉電源，不使用此電腦時可進行 關機 動作。

- **睡眠**：電腦會暫時停止運作但不會關閉電腦，並保持所有開啟的文件與程式狀態，只使用非常少的電力。當要繼續開始工作時，只要按電腦電源按鈕、移動滑鼠或按下鍵盤任意鍵，幾秒鐘後即可將電腦還原為之前工作的狀態。

- **重新啟動**：Windows 會先進行關機動作 (關閉目前開啟的應用程式)，再重新啟動電腦。

關閉設備電源

在前面提到的，於 **工具選單** 選按 **設定 \ 開啟/關閉 \ 關機**，正確關閉電腦系統運作後，還要記得隨手將相關電源關閉才可安全省電又環保。

關閉電腦系統的運作後，幾秒後會自動關閉電腦主機電源，但顯示器 (螢幕) 的部分就需以手動的方式於設備電源鈕上按一下，這樣就能關閉顯示器的電源。

3.6 自訂開始畫面

在 Windows 8.1 環境操作時，最直覺也最先看到的即是 **開始** 畫面以及 **鎖定** 畫面，現在就來看看如何自訂這二個畫面的背景與色彩。

更換「開始」畫面的底紋與色彩

Windows 8.1 的 **開始** 畫面是由底紋與色彩所組成，可以依喜好設計出個人專屬的視覺效果。

01 於 **開始** 畫面，將滑鼠指標移至畫面右下角再往上滑動，**工具選單** 就會從畫面右側滑出，選按 ⚙ **設定 \ 個人化**。

 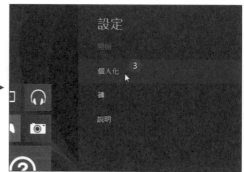

02 首先選擇底紋樣式，於喜愛的縮圖上按一下滑鼠即可變更，接著在下方 **背景色彩** 與 **輔色** 上選按合適的色彩，最後於左側 **開始** 畫面空白處按一下滑鼠左鍵即回到 **開始** 畫面，就可看到已套用剛才指定的底紋與配色。

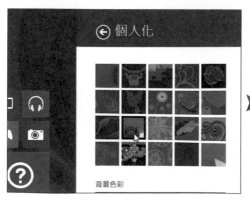 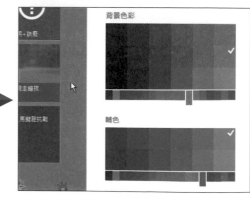

更換使用者的個人圖片

帳戶 圖片預設為 ，出現於 **開始** 畫面右上角 **帳戶名稱** 的一旁，若將圖片替換成使用者圖片，可更清楚辨識目前的使用者。

01 於 **開始** 畫面右上角，選按 帳戶 縮圖 \ **變更帳戶圖片**，接著按 **瀏覽** 鈕開始選擇合適的圖片。

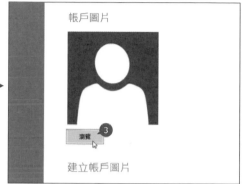

02 找到要使用的圖片後，選按圖片縮圖再按 **選擇影像** 鈕，完成設定即會切換回 **開始** 畫面，於右上角使用者的圖片已放上指定圖片。

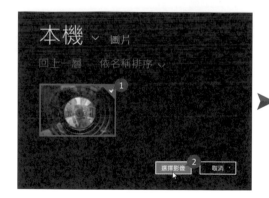

---

point

如果電腦有網路攝影機時，在 **帳戶** 畫面 **建立帳戶圖片** 項目中可選按 **相機**，就會開啟拍照模式，將拍好的影像直接使用在帳戶圖片上。

更換「鎖定」畫面的背景圖

鎖定 畫面是指在使用電腦的過程中，若閒置一段時間 (預設為 30 分鐘) 電腦便會進入睡眠狀態 (螢幕變黑)，當按任一鍵或滑一下滑鼠後即會進入鎖定畫面，畫面中除了背景圖片外還顯示了日期與時間...等資訊。

01 於 **開始** 畫面，將滑鼠指標移至畫面右下角再往上滑動，**工具選單** 就會從畫面右側滑出，選按 ⚙ **設定 \ 變更電腦設定**。

02 於 **電腦設定** 畫面左側選按 **電腦與裝置 \ 鎖定畫面**，可從下面預設的五張背景縮圖中選按一張當成背景圖。(大圖為目前鎖定畫面預覽)

 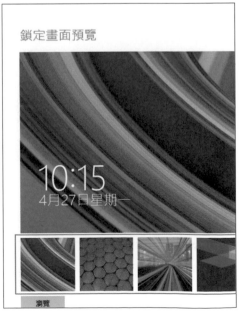

或可按 **瀏覽** 鈕指定圖片做為 **鎖定** 畫面的背景，選擇喜好的圖片檔後再按 **選擇影像** 鈕。

04 這樣一來即完成 **鎖定** 畫面背景圖的調整，下次電腦進入 **鎖定** 畫面時就會以新的背景圖搭配呈現。

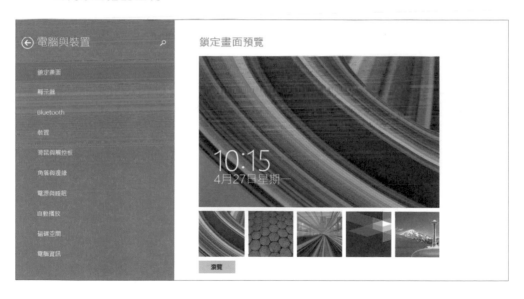

3.7 自訂桌面環境

Windows 8.1 擁有最新的 **開始** 畫面與動態應用程式磚，但很多人還是習慣回到 Windows 傳統桌面上來處理工作，一起來看看該如何切換到傳統桌面。

關於桌面

桌面 是開啟電腦、進入 Windows 8.1 系統後，於 **開始** 畫面選按 ■ **桌面** 磚即可以看見的主要畫面。電腦桌面主要為擺放視窗、圖示、功能表及對話方塊的工作區域。

桌面圖示的介紹與使用

當第一次使用 **桌面** 環境，預設會於左上角看到 **資源回收筒** 圖示，除了此圖示外，桌面上還可以擺放如程式、捷徑、資料夾、文件或常用工具...等各類型圖示，如果要開啟程式或檔案時，只要在桌面圖示上連按二下滑鼠左鍵，即可啟動或開啟其所代表的項目。

除了預設的 **資源回收筒** 圖示外，**電腦** 及 **使用者的文件** 也是二個較常使用的工具，以下便說明如何將這二個圖示 "呼叫" 至桌面上的方法，讓操作更加方便。

01 在桌面任何空白處按一下滑鼠右鍵，選按 **個人化** 開啟視窗，於左側選按 **變更桌面圖示** 開啟對話方塊。

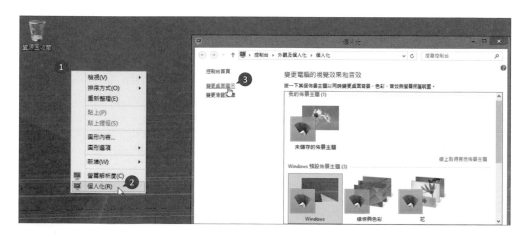

02 核選 **電腦** 及 **使用者的文件** 後按 **確定** 鈕，即可於桌面上看到相關圖示的產生。

3.8 相片變成桌面背景

每次開機顯示的桌面背景圖，除了選擇 Windows 內建的桌面背景圖，也可以更換為自己喜歡的圖片或是朋友合照。

將預設圖片設為桌面背景

所謂桌面背景，就是 **桌面** 環境一開始所看到的畫面底圖，因為要經常在桌面上執行程式或開啟檔案...等，所以一張賞心悅目的底圖就很重要囉！

01 在桌面任何空白處按一下滑鼠右鍵，選按 **個人化** 開啟視窗，預設提供許多內建 **佈景主題**，也可以改為自已喜歡的圖片，首先請選按 **桌面背景** 開啟視窗。

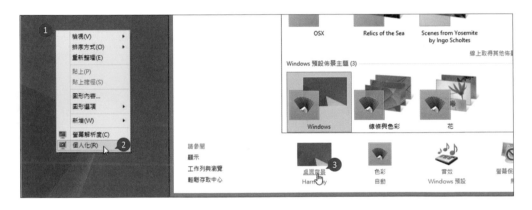

02 在 **圖片位置：Windows 桌面背景** 中有數個預設的圖片可供選用，選按了合適的圖片後，按 **儲存變更** 鈕即可完成背景圖套用。

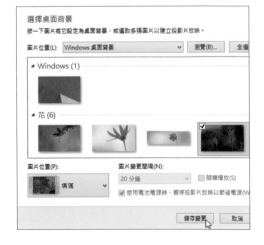

將自選相片圖設為桌面背景

01 同樣於 **桌面背景** 視窗，試著用自己的相片檔設為背景，按 **瀏覽** 鈕開啟對話方塊，然後開啟存放相片的資料夾，再按 **確定** 鈕。

02 在預覽區就可以看到資料夾中的圖片縮圖，預設圖片為全部核選狀態，請於要套用為背景的圖片按一下滑鼠左鍵，進行單張或多張圖片指定，接著設定 **圖片位置：填滿**，按 **儲存變更** 鈕即可完成背景套用。

03 最後於 **個人化** 視窗右上角，按 **關閉** 鈕，關閉此視窗回到桌面，這時就可以看到桌面更換圖片後的呈現效果。

point

如果核選了多張圖片做為桌面背景時，在下方可以設定為 **圖片變更間隔**，核選 **隨機播放** 後按 **儲存變更** 鈕，這樣一來桌面背景就會以輪播的方式變換。

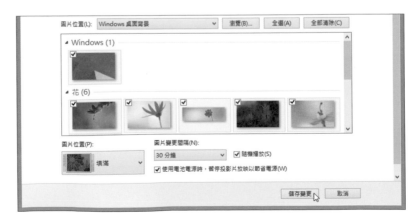

3.9 使用螢幕保護裝置

螢幕保護裝置 是電腦在一段期間內閒置未使用時啟動的功能，會在螢幕上出現圖片、動畫...等，一方面可讓螢幕休息一下，也可做為產品照展示用，讓電腦在沒有操作時也可以有展示功能！

01 於桌面背景任何空白處按一下滑鼠右鍵，選按 **個人化** 開啟視窗，接著於右下角選按 **螢幕保護裝置** 開啟對話方塊。

02 選按 **螢幕保護裝置** 項目中的 **效果** 鈕，在清單中可選按喜愛的效果。(本範例選按 **相片** 效果，預設會直接找到 <本機 \ 圖片> 路徑下的圖片檔進行播放。)

03 設定好後在對話方塊上的小螢幕可預覽結果，或是按 **預覽** 鈕以全螢幕觀看效果，最後設定 **等候** 的時間長度後按 **確定** 鈕即可完成螢幕保護裝置設定。(本範例設定 5 分鐘)

完成了 **螢幕保護裝置** 的設定，回到 **個人化** 視窗就可看到右下角 **螢幕保護裝置** 項目已沒有禁止符號圖示，表示設定成功。

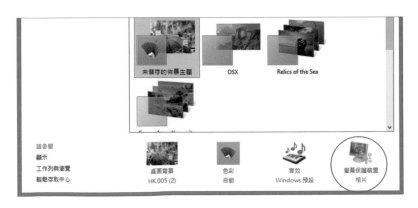

3.10 控制音量大小

除了利用喇叭設備上的音量鈕來控制聲音大小，Windows 也有專屬的音量調整鈕，讓聽音樂、看影片時擁有最好的聽覺享受。

01 於 **桌面** 環境畫面右下角，選按 🔊 **喇叭** 開啟控制面板，將滑鼠指標移動到 ⬅ 控制鈕上按滑鼠左鍵不放，往上拖曳即可加大音量，如果要降低音量請往下拖曳，放開滑鼠左鍵即完成音量的調整。

02 若是遇到忽然間必須關閉音量來接電話或處理其他事時，一樣於畫面右下角選按 🔊 **喇叭** 開啟音量控制面板，按一下 🔊 變成 🔇 時就進入靜音狀態。

3.11 調整日期與時間

傳統 **桌面** 環境右下角，可看到電腦目前的日期與時間，如果實際日期與時間有誤差時也可以重新設定。

01 於 **桌面** 環境畫面右下角，選按 **日期與時間 \ 變更日期和時間設定值** 開啟設定對話方塊，再於 **日期和時間** 標籤中按 **變更日期和時間** 鈕。

02 接著於 **日期** 先切換至正確年份、月份後選按正確的日期，再於 **時間** 輸入正確的時間，最後按二次 **確定** 鈕關閉二個對話方塊就完成日期與時間的設定。

按 ◀ 、 ▶ 可切換至上、下個月份

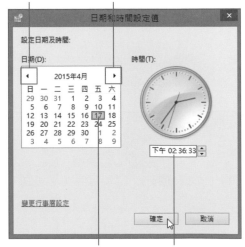

設定日期：直接選按數值

設定時間：於欄位中選取要調整的數值，再輸入正確的數值。

3.12 建立常用程式捷徑

開始 畫面的 **動態磚** 是開啟或切換應用程式的媒介,而傳統 **桌面** 環境則是透過 **工作列** 快速啟動特定項目,善用這二處區域,就能佈置一個操作方便的使用介面!

在「開始」畫面建立常用程式的動態磚

電腦安裝應用程式後,可以指定應用程式以 **動態磚** 型態顯示於 Windows 8.1 的 **開始** 畫面右側,就能省下層層找尋應用程式的時間,只要選按動態磚就可開啟該程式。

動態磚 (預設的應用程式)　　　　　　　　　動態磚 (自行安裝的應用程式)

往右拖曳水平軸,可以瀏覽更多已釘選在 **開始** 畫面的應用程式動態磚。

先進行搜尋再以手動的方式將找到的應用程式項目釘選到 **開始** 畫面成為 **動態磚**。

01 將滑鼠指標移至 **開始** 畫面左下角,選按 ⊙ 進入 **應用程式** 畫面。

02 在 **應用程式** 畫面中可以看到電腦裡安裝的所有程式，於要釘選的應用程式名稱上按一下滑鼠右鍵，選按 **釘選到開始畫面**。

03 完成後就會自動切換回 **開始** 畫面，並在右側看見剛剛選按釘選的應用程式圖示，選按該動態磚即可執行應用程式。

如果想不起來要釘選到 **開始** 畫面上的應用程式名稱，只大概記得該程式的幾個單字，可用另一種方式找到需要的應用程式：

01 依剛剛的方式進入 **應用程式** 畫面，於右上角搜尋欄位輸入所記得的關鍵字，左側就會出現相關的應用程式名稱。

02 於搜尋結果中要釘選的應用程式名稱上按一下滑鼠右鍵，選按 **釘選到開始畫面**。

03 完成後就會自動切換回 **開始** 畫面，並在右側看見剛剛選按釘選的應用程式圖示，選按該動態磚即可執行應用程式。

在「桌面」工作列建立常用程式的捷徑

習慣於傳統 **桌面** 環境中開啟應用程式的使用者，進入 **桌面** 環境於下方 **工作列** 可以看到預設已顯示了 **Internet Explorer 瀏覽器** 和 **檔案總管**...等應用程式的捷徑，也可以將常用的應用程式項目釘選到此工作列上，讓整體使用更為便利。

01 將滑鼠指標移至 **開始** 畫面左下角，選按 🔽 進入 **應用程式** 畫面。

02 在 **應用程式** 畫面中，於要釘選的應用程式名稱上按一下滑鼠右鍵，選按 **釘選到工作列**。

03 完成應用程式釘選動作後，將滑鼠指標移至畫面左下角，於 **開始** 鈕上按一下滑鼠左鍵先切換回 **開始** 畫面並選按 **桌面** 磚。

04 即可在 **桌面** 下方 **工作列** 看到剛才釘選的應用程式，選按該捷徑即可開啟使用。

取消釘選在動態磚與工作列

前面已說明如何將應用程式釘選在 **動態磚** 或 **工作列** 的動作，但如果建立的項目太多，反而會佔用畫面上的空間，也不易找尋需要的應用程式。這時可以隱藏用不到的應用程式項目，讓 **開始** 畫面與 **桌面** 環境顯得更清爽。

01 於 **開始** 畫面想要進行移除的動態磚上按一下滑鼠右鍵，選按 **從開始畫面取消釘選**，指定的動態磚就會由 **開始** 畫面中消失了。

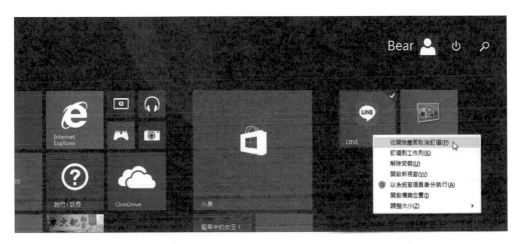

02 於傳統 **桌面** 環境 **工作列**，想要進行移除的捷徑圖示上按一下滑鼠右鍵，選按 **讓此程式從工作列取消釘選**，這樣指定的捷徑就會由 **工作列** 中消失了。

(移除的應用程式動態磚或工作列上的捷徑，應用程式本身並未被解除安裝，只是未顯示於桌面與開始畫面，若想重新釘選請依照 P3-35、P3-37 的說明操作即可。)

調整動態磚的擺放位置

開始 畫面中的動態磚預設是依性質將相似的動態磚擺放在一起，也可以依使用習慣自由調整動態磚的擺放位置。

於 **開始** 畫面，首先想好欲變動擺放位置的動態磚，例如此練習要將常用的 **桌面** 磚調整到明顯的左上角位置，因此按住 **桌面** 磚不放拖曳往上拖曳 (這時其他磚會自動調整位置)，待放開滑鼠左鍵，**桌面** 磚就會移至目前的新位置。

延 伸 練 習

一、選擇題

1. (　) **桌面** 環境中，可將常用的應用程式捷徑擺放於何處？
   A. **工作列**　　　B. **顯示桌面**　　　C. **通知區域**　　　D. **圖示**

2. (　) **桌面** 環境中，何處會顯示小時鐘、音量...等小圖示，方便進行相關
   設定？
   A. **工作列**　　　B. **顯示桌面**　　　C. **通知區域**　　　D. **圖示**

3. (　) 鍵盤中哪個區域有 F1 ~ F12 共 12 個功能鍵以及 Esc 跳離鍵：
   A. **指示燈**　　　B. **打字鍵區**　　　C. **功能鍵區**　　　D. **編輯鍵區**

4. (　) 按 Alt 鍵，還有重複按什麼鍵可以在目前開啟的視窗清單之間移動？
   A. Shift 鍵　　B. Tab 鍵　　C. Space 鍵　　D. Ctrl 鍵

5. (　) Windows 8.1 右側隱藏 **工具選單** 中，選按下列何者可以依目前所在
   的應用程式而定，將看到的內容透過 **連絡人** 或 **郵件** 傳送給朋友？
   A.🌐 **分享**　　　B.🔍 **搜尋**　　　C.⊞ **開始**　　　D.⬒ **裝置**

二、填充題

1. 當操控滑鼠時，可有的基本操作為 ＿＿＿＿＿＿＿＿ 、 ＿＿＿＿＿＿＿＿ 、
   ＿＿＿＿＿＿＿＿ 、 ＿＿＿＿＿＿＿＿和＿＿＿＿＿＿＿＿ 。

2. 鍵盤可以分成 ＿＿＿＿＿ 、 ＿＿＿＿＿ 、 ＿＿＿＿＿ 和 ＿＿＿＿＿ 四個區域。

3. Windows 8.1 中 **桌面** 預設環境的工作列會擺放了 ＿＿＿＿＿ 、 ＿＿＿＿＿ 二
   個捷徑圖示。

4. 滑鼠的種類可分 ＿＿＿＿＿ 、 ＿＿＿＿＿ 和 ＿＿＿＿＿ 三大類。

5. 鍵盤中的打字鍵區，包括數字與英文字的按鈕，其中有 ＿＿＿＿＿ 、 ＿＿＿＿＿ 、
   ＿＿＿＿＿ 、 ＿＿＿＿＿ 和 ＿＿＿＿＿...等，為打字時常用的相關功能鍵。

6. **工具選單** 中提供了 Windows 常用的五大工具：＿＿＿＿＿ 、 ＿＿＿＿＿ 、
   ＿＿＿＿＿ 、 ＿＿＿＿＿和 ＿＿＿＿＿ 。

三、實作題

請依如下提示完成各項操作。

1. 於 **開始** 畫面選按 **新聞** 或 **運動** 應用程式動態磚。

2. 選擇程式中任一新聞、運動消息閱讀。

3. 將閱讀的內容利用 **工具選單** 中的 **分享** 功能，透過 **郵件** 傳送給朋友。

4. 於 **開始** 畫面選按 **工具選單** 選按 **設定 \ 變更電腦設定 \ 帳戶**。

5. 於 **帳戶** 畫面替帳戶圖片更換最滿意的個人照。

6. 於 **電腦與裝置** 畫面的 **鎖定畫面** 替換一張自已拍攝的照片。

7. 於傳統 **桌面** 環境上開啟 **個人化** 設定視窗，並在 **桌面背景** 中變更桌面背景圖片。

4　有效率的
整理電腦內文件

4.1 認識文件管理員

操作電腦時常會出現：電腦中有幾個磁碟機？什麼是檔案文件與資料夾？檔案大小？如何新增、複製或刪除檔案...等問題，其實只要透過電腦，就能快速整理、編輯所有檔案與各類型程式！

開啟檔案管理

01 若目前處於其他應用程式中，先回到 **開始** 畫面，選按 ■ **桌面** 磚開啟傳統桌面模式。接著於畫面左下角選按 ■ **檔案總管** 捷徑圖示。

02 開啟 **本機** 視窗，共有 **下載**、**文件**、**音樂**、**桌面**、**圖片** 及 **影片** 六個預設的資料夾，可以統一瀏覽及管理。

 point

1. 在 **開始** 畫面按 ⊞ + **E** 鍵會開啟位於 **桌面** 環境中電腦所在位置的 **檔案總管** 視窗。

2. 已在 P3-27 的操作中，於桌面上建立了 **電腦** 捷徑圖示，可直接於該圖示上連按二下滑鼠左鍵進入 **檔案總管** 視窗。

電腦檔案管理視窗介面

在進入 **電腦** 時,會看到如下的視窗畫面,透過下圖功能標示對視窗內的環境進行簡單認識。

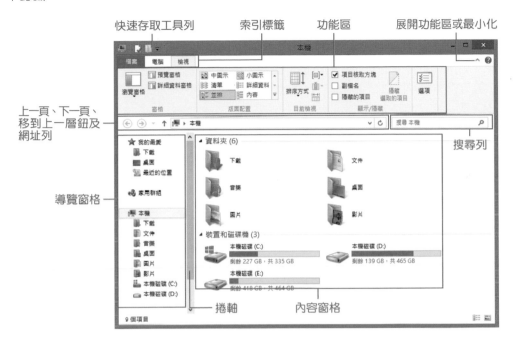

1. **快速存取工具列**:位於索引標籤的上方,於最右側按 **自訂快速存取工具列** 鈕,可以將一些常用的功能按鈕,如:復原、重做、刪除...等功能按鈕透過核選新增於其中,方便快速執行。

2. **索引標籤**:將工作依特性分成 **檔案**、**電腦**、**檢視**...等索引標籤並整合到此列,依據使用者選按的標的物 (磁碟機、資料夾、圖片... 等),顯示相對應的索引標籤。若想要切換至其他索引標籤時,只要在上方索引標籤名稱上按一下滑鼠左鍵即可。

3. **功能區**：功能區中的項目，主要是依據選按的索引標籤而進行呈現，其中包含數個群組，而每個群組又包含多項命令。這個區域預設並不會展開，可以在選定要執行的對象後，選按相關索引標籤開啟功能區執行操作。

如果想要將功能區固定為展開狀態時，只要於索引標籤該列右側按 ⌄ **展開功能區** 鈕即可，反之按 ⌃ **將功能區最小化** 鈕即是收合功能區。

4. ⬅ **上一頁**、➡ **下一頁**、⬆ **移到上一層** 鈕：**上一頁** 或 **下一頁** 鈕可以上下切換之前瀏覽過的頁面，若按 **移到上一層** 鈕則是切換至目前正在檢視畫面的上一層位置。

5. **網址列**：用來顯示檔案或資料夾的完整路徑，而選按右側清單鈕則是展開此位置下的清單。

6. **搜尋列**：依據輸入的文字，即時搜尋出目前所在資料夾與子資料夾內的相關檔案。

7. **導覽窗格**：視窗左側區域，用來尋找檔案和資料夾，也可以直接在窗格中將項目移動或複製到目的地。主要分為 **我的最愛**、**本機** 及 **網路**。

每一個資料夾或是磁碟前會有一個 ◢ 或 ▷ 鈕，可以選按此鈕展開或是折疊所包含的內容。(如果沒有，表示這個資料夾或是磁碟沒有細項資料夾。)

8. **內容窗格**：主要顯示電腦中的本機硬碟，為了方便存放資料，通常會將一個硬碟分割成多個區塊，而 C 槽為電腦預設區域；另有光碟機及外接式存取裝置 (如：外接式硬碟、隨身碟或記憶卡...等)。

9. **捲軸**：當視窗大小無法顯示所有內容時，視窗右方會顯示垂直捲軸或下方出現水平捲軸，由捲動方塊停留在捲軸的位置，可判斷目前顯示的資料，約在全部資料的哪個位置。

認識文件和資料夾

電腦中資料儲存的方式有二種，一種是「文件」，又稱為檔案，另一種就是「資料夾」。

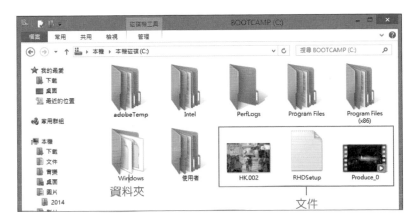

資料夾

文件

1. **文件**：是電腦中儲存資料的基本方式，資料類型包含了 Word 文件檔、音樂檔、圖檔...等多款格式。就因為種類繁多，所以除了透過圖示辨別文件類型，也可以透過命名區別每個文件存放的內容。

   完整的檔案名稱包含了 <主檔名.副檔名>，就如同下方的 Word 檔案，主檔名為「撰寫規則」，中間以「.」做為區隔，後方副檔名則為「docx」。

撰寫規則.docx

撰寫規則.docx

Word 文件

IMG_2068.JPG

IMG_2068.JPG

JPG 圖檔

ch01.wmv

ch01.wmv

WMV 影音檔

2. **資料夾**：當文件、檔案越來越多，為了方便查找，可利用資料夾將同一性質的檔案集中在一起，藉由適當的分類與管理，讓作業變得更有效率。

風景照

在電腦中找到我的文件

認識了文件和資料夾的相異之處，接著練習進入電腦中找到自己想要開啟的檔案。以下示範開啟 **本機** 電腦中的相片檔案進行說明：

01 在桌面的 **本機** 圖示上連按二下滑鼠左鍵進入檔案管理視窗，然後於 **本機** 下的 **圖片** 資料夾連按二下滑鼠左鍵進入 **圖片** 資料夾。

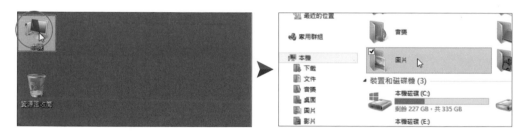

02 如圖示依序連按二下滑鼠左鍵進行資料夾與檔案的開啟，完成後即會以相關軟體開啟相片檢視。

在桌面建立常用文件或資料夾捷徑

使用電腦一段時間後，常會透過資料夾整理並存放各類型的文件或影音檔案，然而一時之間想要快速開啟某個資料夾或檔案時，卻還要進入檔案管理視窗一層層選按，似乎有點費時。

這時可以透過以下方式操作，在桌面上產生捷徑圖示 (圖示左下方有一個 箭頭符號)，就可以讓使用者省略路徑的層層選按，直接且快速的開啟該資料夾或檔案。

01 進入要建立捷徑的檔案或資料夾所在的檔案視窗中，選取該檔案或資料夾後於其上方按一下滑鼠右鍵，選按 **傳送到 \ 桌面(建立捷徑)**。

02 完成後就可以看到桌面上已經建立好檔案或資料夾的捷徑圖示，只要於捷徑圖示連按二下滑鼠左鍵就可開啟。

point

捷徑是代表項目連結的圖示，而非項目本身，如果刪除了該捷徑圖示，僅是刪除捷徑而不是刪除原始項目。

4.2 檢視與排序文件檔案

調整檔案管理視窗內資料的呈現與排列方式,可以加快尋找的速度,讓使用者瀏覽時,一點都不覺得費時或費力!

快速瀏覽檔案內容與詳細資訊

可以依照使用者的操作或檢視需求,調整檔案管理的版面配置。

於視窗上方的 **檢視** 索引標籤選按 **預覽窗格**,視窗會由預設的 **瀏覽窗格** 狀態,更改為右側顯示 **預覽窗格** 的狀態,可以在不開啟檔案的狀態下快速預覽檔案內容。

如果於 **檢視** 索引標籤選按 **詳細資料窗格**,會於視窗右側顯示 **詳細資料窗格**,並出現該檔案的詳細資訊。

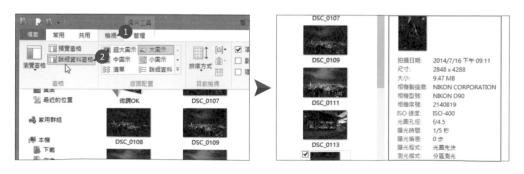

如果想要回復為原來預設的 **瀏覽窗格** 狀態時,只要再選按 **預覽窗格** 或 **詳細資料窗格** 讓它呈現不選按狀態即可。

檔案與資料夾的各種檢視方式

在左側 **導覽窗格** 選好要查看的磁碟或資料夾後，右側即會顯示相關內容，此時可以依照自己的需要，於 **檢視** 索引標籤按 ▽ **其他** 鈕，於 **版面配置** 清單中選擇適當的檢視方式。

檢視方式有以下幾種，分別說明如下：

1. **圖示**：分別以 **小圖示**、**中圖示**、**大圖示** 及 **超大圖示** 顯示檔案或資料夾，只要於 **版面配置** 清單中直接選按即可切換檢視狀態。

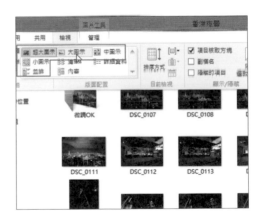

---

point

除了於 **檢視** 索引標籤選擇適當的檢視方式外，也可以在內容窗格的空白處按一下滑鼠右鍵，選按 **檢視** 項目進行設定。

2. **清單**：若希望能在單一畫面檢視較多的檔案，可以使用 **清單** 檢視方法，它會以更小的圖示來代表資料夾與檔案，排列方式是採取由上而下，由左至右的多欄排法。

3. **詳細資料**：除了檔案名稱外，若想要檢視每個檔案的大小、類型及修改日期…等詳細資料，即可使用這種檢視方式。

4. **並排**：以較大的圖示顯示資料夾或檔案，排列方向是由左至右，若是 Windows 8.1 能判別的檔案格式，甚至能夠顯示檔案內含的資訊。

排序檔案或資料夾

除了設定檔案與資料夾的檢視方法，也可以規定排列方式！

1. 於 **檢視** 索引標籤選按 **排序方式**，在展開的清單中選擇排序項目為 **遞增** 或 **遞減**。當檔案及資料夾同時存在時，會先排列資料夾，再排列檔案。

2. 也可以在想要排序的標題欄位上按一下滑鼠左鍵，依該欄位切換 **遞增** 或 **遞減** 排序資料清單中的檔案及資料夾。

4.3 檔案及資料夾的管理

檔案或資料夾是最常遇見的資料型式，需了解如何選取、重新命名、建立、搬移、複製或刪除...等基本操作，才能讓作業更順暢！

以下操作以自己本機內的檔案或資料夾進行練習：

選取檔案及資料夾

在執行檔案或資料夾的複製、搬移、刪除、開啟...等工作，必須先進行「選取」 動作，系統才知道是要對誰執行工作，以下便是選取的各種方式：

1. **選取單一檔案或資料夾**：直接在檔案或資料夾上按一下滑鼠左鍵。

2. **選取多個連續的檔案或資料夾**：先在連續選取的第一個檔案或資料夾圖示上按一下滑鼠左鍵，接著按 Shift 鍵不放，再於連續選取的最後一個檔案或資料夾圖示上按一下滑鼠左鍵，即可以連續選取。

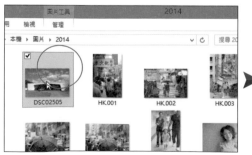 

3. **拖曳選取多個連續的檔案或資料夾**：在檔案清單的空白處按滑鼠左鍵不放，拖曳出一個藍色區域方塊，只要被這個方塊所涵蓋的檔案或資料夾都會被選取，接著再放開滑鼠左鍵。

4. **選取多個不連續的檔案**：先按 Ctrl 鍵不放，接著利用滑鼠左鍵選按要使用的檔案或資料夾圖示即可。

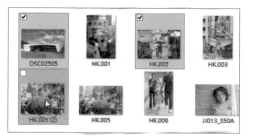

5. **取消部分檔案或資料夾的選取**：先按 Ctrl 鍵不放，在目前已選取但要取消選取的檔案或資料夾圖示上按一下滑鼠左鍵即可。

6. **取消全部檔案或資料夾的選取**：若是直接在內容窗格空白處上按一下滑鼠左鍵，即可將選取的檔案全部取消選取。

point

檔案選取最好於圖示上選按，若不小心在名稱上按二次滑鼠左鍵 (間隔一秒以上，不連續快按)，會進入更改檔案或資料夾名稱狀態。

7. **全選**：於 **常用** 索引標籤選按 **全選**，可以選取目前路徑下所有的檔案或資料夾。

於 **常用** 索引標籤，可以利用 **全部不選** 或 **反向選擇** 達到其他選取目的。

建立新資料夾

利用資料夾將性質相同的檔案存放在一起，使資料存放井然有序，增加檔案查閱的便利與速度。在檔案總管視窗中，先進入想要新增資料夾的位置，於 **常用** 索引標籤選擇 **新增資料夾**，在該路徑下即會建立一個新的資料夾，接著為該資料夾輸入合適的名稱再按 Enter 鍵，即完成新增資料夾的動作。

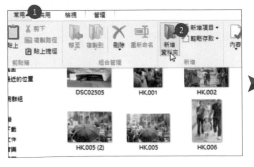

重新命名

如果對於某個檔案或是資料夾的名稱不滿意時，都可以變更名稱。先選取要更改名稱的檔案或資料夾，於 **常用** 索引標籤選按 **重新命名** 進入名稱編輯的狀態，輸入欲更改的名稱即可。

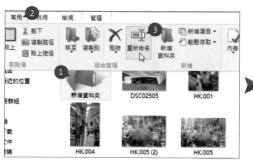

point

在選取檔案或資料夾後按 F2 鍵，或在選取的檔案或資料夾上按一下滑鼠右鍵，選按 **重新命名** 一樣可以進入編輯名稱的狀態。

建立捷徑(S)
刪除(D)
重新命名(M)
內容(R)

檔案或資料夾的搬移

1. **利用滑鼠拖曳**：直接選取要搬移的檔案或資料夾後，按滑鼠左鍵不放拖曳到目的資料夾上，出現一個 **移動至** 的提示訊息再放開即可。

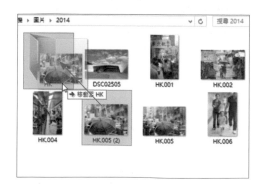

2. **利用功能區剪下鈕**：選取要搬移的檔案或資料夾後，於 **常用** 索引標籤選按 **剪下**，會將選取的檔案或資料夾剪到剪貼簿。

接著到搬移的目的磁碟上按一下或資料夾上連按二下滑鼠左鍵進入，再於 **常用** 索引標籤選按 **貼上** 即可完成工作。

檔案或資料夾的複製

1. **利用滑鼠拖曳**：直接選取要複製的檔案或資料夾後，先按 Ctrl 鍵不放，再按滑鼠左鍵不放拖曳到目的資料夾出現一個 **複製至** 的提示訊息，再放開滑鼠即可。

point

當複製較多的檔案或資料夾時，會出現如右的複製進度視窗，除了可以透過右上角 ▮▮ 或 ✕ 鈕執行暫停或取消作業，還可以藉由分析圖及下方資訊有效掌握複製進度。

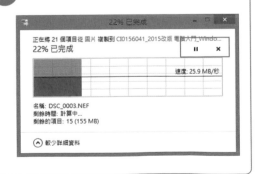

2. **利用功能區複製鈕**：選取要複製的檔案或資料夾後，於 **常用** 索引標籤選按 **複製**，這樣會將選取的檔案或資料夾複製到剪貼簿。

接著到搬移的目的磁碟上按一下或資料夾上連按二下滑鼠左鍵進入，再於 **常用** 索引標籤選按 **貼上** 即可完成工作。

取代或略過檔案

進行檔案的複製或移動時，如果遇到檔名重複狀況，會開啟如下圖的 **取代或略過檔案** 對話方塊。Windows 8.1 系統中，針對檔名衝突的問題，不僅可以透過 **取代** 或 **略過** 的動作進行處理，即使遇到大批檔名重複時，還可以選按 **讓我決定每個檔案的處理方式**，個別針對不同檔名進行調整，讓操作變得更加彈性且有效率。

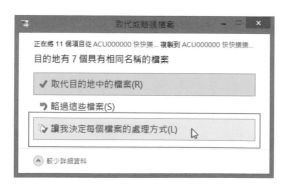

在 **取代或略過檔案** 對話方塊中選按 **讓我決定每個檔案的處理方式** 時，會進入如下的對話方塊，左側是來源檔案，右側是目的地檔案，可以透過需求核選全部或部分要保留的檔案後，按 **繼續** 鈕執行。

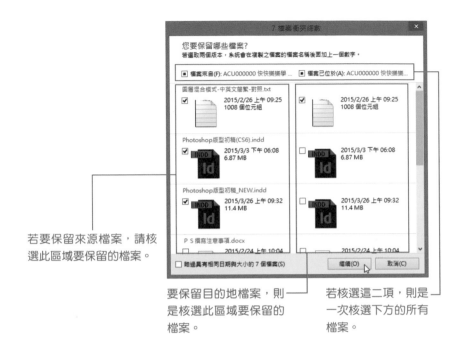

若要保留來源檔案，請核選此區域要保留的檔案。

要保留目的地檔案，則是核選此區域要保留的檔案。

若核選這二項，則是一次核選下方的所有檔案。

point

來源及目的地中的檔案均核選時，系統會在移動或複製的過程中將檔案名稱後面加上一個數字以同時保留二個檔案。

檔案或資料夾的刪除

檔案與資料夾的刪除方法很簡單，先選取要刪除的檔案與資料夾，於 **常用** 索引標籤選按 **刪除**，或是直接按 Delete 鍵都可完成刪除工作。

顯示檔案的副檔名

依不同的文件類型，檔案名稱後方的附檔名大致有 .docx (Word 文件)、.xlsx (Excel 文件)、.jpg (圖檔)、.mp3 (音樂)...等，而 Windows 8.1 系統在預設狀態下，會隱藏附檔名。

如果希望可以很快辨識不同檔案或直接修改副檔名時，於 **檢視** 索引標籤核選 **副檔名**，回到視窗中即發現檔案名稱連同副檔名完整顯示。

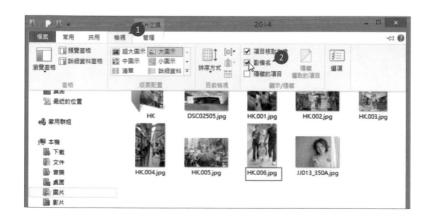

4.4 刪除後的檔案到哪裡去了？

檔案刪除後到底放在哪裡？如果不小心刪除了，有沒有挽救的機會呢？**資源回收筒** 工具，負責暫存已刪除的檔案，只要透過檔案管理視窗，刪掉的檔案都可以在 **資源回收筒** 中發現哦！

桌面上顯示的 🗑 圖示即是 **資源回收筒**，它能暫時存放刪除的檔案，當回收筒內有紙屑圖示時，表示有刪除的檔案暫放在裡面。

在桌面的 🗑 圖示上連按二下滑鼠左鍵，即可開啟 **資源回收筒** 視窗。

還原刪除的檔案

開啟 **資源回收筒** 視窗之後，選取要還原的檔案，再於 **資源回收筒工具 \ 管理** 索引標選籤按 **還原選取的項目** 即可將原來已經刪除的檔案還原至原來位置。

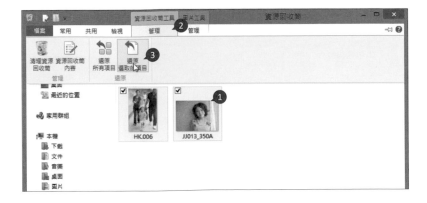

確實清理刪除檔

存放在 **資源回收筒** 的檔案表面上雖然是刪除了，但其實仍佔用硬碟的空間，所以必須清理 **資源回收筒** 的檔案後，才不會佔用空間。

1. **永久刪除選定檔案**：若決心把暫存於資源回收筒內的某個檔案從硬碟中清除時，於 **資源回收筒** 視窗選取要刪除的檔案，再於 **常用** 索引標籤選按 **刪除**，在出現的刪除訊息中按 **是** 鈕。

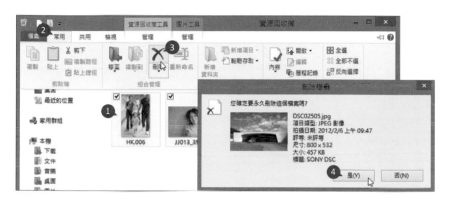

2. **永久刪除全部項目**：若要將暫存於資源回收筒內的檔案全數刪除一個不留時，不用選取任何檔案，直接於 **資源回收筒工具 \ 管理** 索引標籤選按 **清理資源回收筒**，出現永久刪除的警告訊息對話方塊，按 **是** 鈕即可執行清理功能。

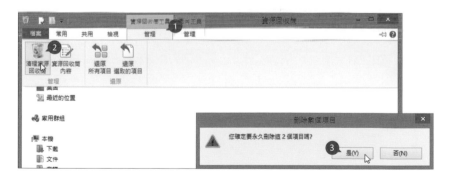

 point

在桌面 **資源回收筒** 圖示上按一下滑鼠右鍵，選按 **清理資源回收筒**，於出現的對話方塊按 **是** 鈕，一樣可以達到全部刪除的動作。

4.5 壓縮檔案大小

目前在電腦的使用上，檔案不僅越來越多，也越來越大，若要攜帶或傳遞某些檔案給他人時，檔案的壓縮是一個非常必要的功能。在 Windows 8.1 系統下已經支援壓縮檔案的功能，輕鬆就可完成！

檔案壓縮

01 想要將數個檔案或資料夾壓縮成一個較小檔案，可單選或多選要壓縮的檔案後，於 **共用** 索引標籤選按 **壓縮**。

02 壓縮後畫面中會出現一個副檔名為「.zip」的資料夾，接著可依預設名稱或修改名稱後按 Enter 鍵，這個有拉鍊的資料夾圖示代表該檔案為壓縮檔，如此即完成壓縮工作。

檔案解壓縮

01 學會檔案壓縮後，要如何將壓縮的檔案解壓縮呢？選取剛才完成的壓縮檔，於 **壓縮的資料夾工具 \ 解壓縮** 索引標籤選按 **解壓縮全部**。

02 在開啟的解壓縮對話方塊中，依預設路徑儲存解壓縮後的檔案，或按 **瀏覽** 鈕 指定解壓縮檔案要放置的路徑，再按 **解壓縮** 鈕。

03 完成解壓縮，畫面上會自動顯示解壓縮後的檔案，如此即完成解壓縮的動作。

延伸練習

一、選擇題

1. (　) 下列何者不是 **本機** 裡預設的資料夾？
   A. 圖片　　B. 音樂　　C. 網路　　D. 影片

2. (　) 電腦中所有資料的保存方式有二種，請問是下列何者？(複選)
   A. 檔案　　B. 數據　　C. 資料夾　　D. 統計表

3. (　) 建立在桌面上可快速開啟軟體的圖示，下列何者為正確名稱？
   A. 文件　　B. 捷徑　　C. 連結　　D. 圖示

4. (　) 檔案檢視的方式有很多種，下列何者正確？
   A. 大圖示　　B. 並排　　C. 詳細資料　　D. 以上皆是

5. (　) 當要選取多個連續檔案或資料夾時，可配合什麼鍵進行選取？
   A. Shift 鍵　　B. Ctrl 鍵　　C. Alt 鍵　　D. Caps Lock 鍵

6. (　) 當要選取多個不連續檔案或資料夾時，可配合什麼鍵進行選取？
   A. Shift 鍵　　B. Ctrl 鍵　　C. Alt 鍵　　D. Caps Lock 鍵

7. (　) 選按下者何者功能，可於檔案總管視窗中新增一個資料夾？
   A. 共用 索引標籤 \ 新增資料夾　B. 常用 索引標籤 \ 新增資料夾
   C. 共用 索引標籤 \ 輕鬆存取　　D. 共用 索引標籤 \ 貼上捷徑

8. (　) 如果要將檔案或資料夾搬移至目的資料夾時，需用下列何者功能？
   A. 建立捷徑　　B. 剪下、貼上　　C. 複製路徑　　D. 刪除

9. (　) 刪除後的檔案會被移動到以下何者當中？
   A. 垃圾筒　　B. 控制台　　C. 資源回收筒　　D. 刪除區

10. (　) 如果要讓檔案的容量變得更小，可以使用下列何種功能？
    A. 重新命名　　B. 檔案壓縮　　C. 輕鬆存取　　D. 複製路徑

5 相片影音
新感受

5.1 認識數位媒體播放器

Windows Media Player 可用來播放和管理電腦上的數位媒體檔案，像是播放音樂與影片、建立播放清單...等。在忙碌的生活中，能藉由音樂放鬆心情，忘記疲憊。

開啟 Windows Media Player

01 將滑鼠指標移至畫面的右上角，選按 🔍 **搜尋**，於應用程式欄位輸入 「media Player」後，選按 **Windows Media Player** 開啟應用程式。

02 若是第一次啟用這個應用程式時，會開啟 Windows Media Player 初始設定的對話方塊，核選 **建議的設定**，按 **完成** 鈕。

認識 Windows Media Player 環境

全新的 Windows Media Player 提供直覺式的介面，整合了播放數位媒體檔案、燒錄音樂 CD、從 CD 擷取音樂...等功能，外觀及功能上都有精彩的改變，也提供了多種播放面板可以選擇，現在就一起來看看它全新風貌！

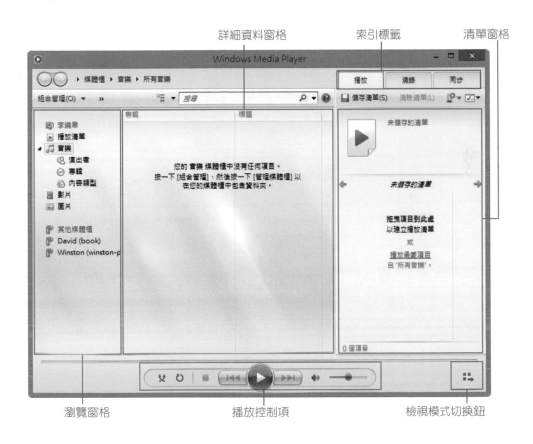

詳細資料窗格　　　　索引標籤　　　　清單窗格

瀏覽窗格　　　　播放控制項　　　　檢視模式切換鈕

- **播放** 索引標籤：可以透過下方的清單觀看目前的播放項目，或是選擇媒體櫃中的其他播放項目。例如：選取播放的是整張專輯，那整個專輯的項目將會顯示在 **播放** 索引標籤下方清單中。

- **燒錄** 索引標籤：可以將 Media Player 中的音樂或影音，整理燒錄成音樂 CD 或 DVD。

● **同步** 索引標籤：將目前電腦中的音樂、視訊或圖片，與週邊可攜式的裝置 (例如：USB 隨身碟) 做同步傳輸的功能。只要將裝置連接到電腦，Media Player 就會選取該裝置的同步方法 (手動或者自動)，將媒體櫃中的檔案和播放清單同步到裝置中。

● Windows Media Player 視窗下方的 **播放控制列** 提供了控制多媒體播放的功能。

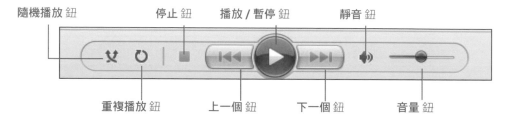

開啟功能表列設定最方便

進入 Windows Media Player 應用程式，卻怎麼都找不到常用的 **檔案、檢視、播放**...等功能表列？那是因為功能表列預設為隱藏狀態，必須用手動的方式才能開啟。

選按 **組合管理 \ 配置 \ 顯示功能表列**，即會在上方開啟功能表列，有 **檔案、檢視、播放、工具** 和 **說明** 五個選項。

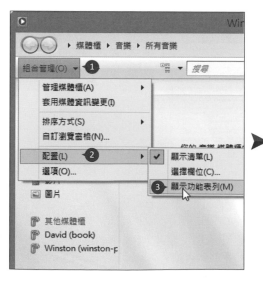
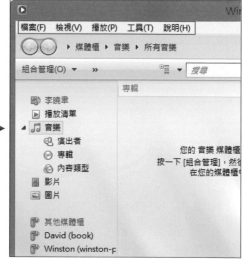

5.2 播放 CD 歌曲

剛買的最新專輯，如果不想再搬出一台機器播放音樂，而是想透過電腦播放時，該如何操作呢？以下就交給 Windows Media Player 播放程式處理吧！

放入音樂光碟開始播放

01 將音樂 CD 放入光碟機中，這時會於畫面右上角出現磁碟機的通知訊息，先按一下滑鼠左鍵。接著選單中會提供針對音訊 CD 可以執行的動作，在此選按 **播放音訊 CD**，使用內建 Windows Media Player 播放。

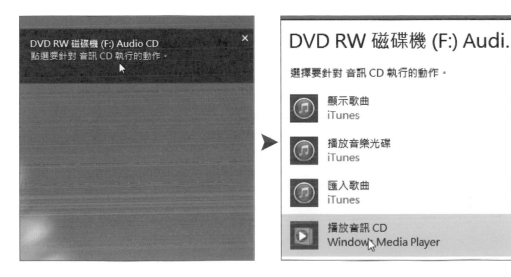

02 接下來，會自動開啟 Windows Media Player 由第一首曲子開始播放。

切換不同檢視模式

Windows Media Player 提供 **媒體櫃**、**現正播放** 以及 **全螢幕** 三種檢視模式,可以依需求切換適合觀賞或播放內容的模式。

01 **媒體櫃** 檢視模式:用於建立播放清單並管理媒體檔案,可先建立專屬資料夾,再將喜歡的曲目複製至媒體櫃,並依喜好調整播放順序。在 **現正播放** 視窗右上角選按 ▦ **切換至媒體櫃** 鈕,即可進入 **媒體櫃** 模式。

02 **現正播放** 檢視模式:想要查看目前播放的音樂時,在 **媒體櫃** 視窗右下角按 ▦ **切換到現正播放** 鈕,即可進入 **現正播放** 模式。

如果想要放大 **現正播放** 模式視窗時，於右上角按  **最大化** 鈕，即可如下圖展開。於右上角選按 **切換至媒體櫃** 鈕，則是返回至媒體櫃中。

03 **全螢幕** 檢視模式：在 **現正播放** 模式右下角按  **檢視全螢幕** 鈕，全螢幕模式會在播放音樂時，讓畫面填滿整個螢幕，而再於右下角按  **結束全螢幕模式** 鈕，則是返回現正播放模式。

無法播放 CD 怎麼辦?

為什麼放入音樂 CD 卻沒有自動播放?那還有沒有什麼方法可以播放 CD 中的曲目?以下將說明手動播放的方式。

01 選按功能表列 **檔案 \ 開啟** 開啟對話方塊,先於左側導覽窗格選按 **本機**,再於右側內容窗格中選按 **DVD RW 磁碟機** 後再按 **開啟** 鈕。

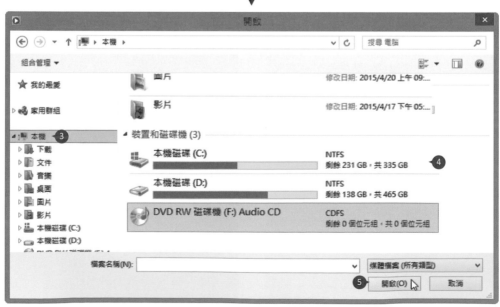

02 先選按 **媒體檔案 (所有類型)**：**任何檔案 (*.*)** 項目，接著選按任一首 CD 曲目檔，再按 **開啟** 鈕即可。

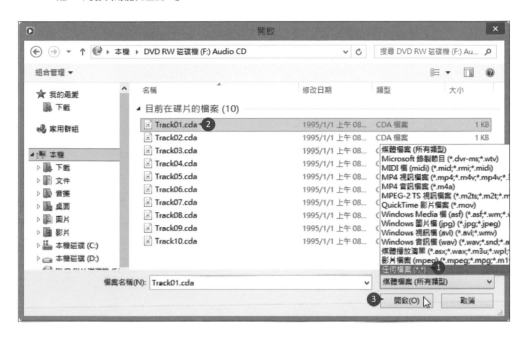

point

如果手動播放的方式還是行不通時，可能是電腦的光碟機有挑片的情況而導致無法播放或者是該音樂光碟業者有設定防拷技術，而無法使用電腦開啟。若是拿其他 CD 也無法播放時，可能要先確認光碟機的驅動程式是否順利安裝，光碟機老化...等問題，(如有這些問題建議洽詢電腦公司處理)。

將喜愛的 CD 曲目存到電腦中

如果有常聽的音樂或是不想每次聽音樂都還要再拿出 CD，只要運用 **擷取** 功能，就能將音樂 CD 收藏在電腦中，想聽的時候就可隨時播放。

音樂格式 WAV、MP3 和 WMA 的介紹

該如何將專輯 CD 中的音樂擷取並設定為指定的音樂格式，以下將針對各媒體常見的檔案格式說明：

● WAV 格式：為不失真不破壞音樂檔品質的格式，因此 WAV 的音質與 CD 差不多，為高品質的聲音記錄板，但高品質檔案相對就需要較大的儲存空間，比較不適合在網路上交流和傳播。

● MP3 格式：檔案大小比 WAV 格式小，其壓縮後的品質幾乎和音樂 CD 音效一樣。例如：一首 CD 歌曲大約有 40~50 MB，壓縮成 MP3 之後，就只有 4~5 MB。若以一片音樂 CD 專輯播放 60 分鐘來算，一片 MP3 的音樂 CD 將近可以放入 10 幾小時的音樂資料，可以更有效的應用多媒體存放空間，並且保持相同的品質。

● WMA 格式：由微軟開發，常常成為線上收聽或廣播首選格式，壓縮效果可以達到 MP3 的 1/3~1/4，例如：一首 4 MB 的 MP3 歌曲轉換成 WMA 格式後，只會剩下 1~2 MB，壓縮後音質也不會差太多，可以省下不少硬碟空間唷！

那到底哪一個格式比較好，其實還是要看設備支援哪一種格式，才能來決定擷取 CD 時挑選的格式。以下將 MP3 和 WMA 二種格式的音質、檔案大小、支援性...等優劣之處，列出下表供參考：

檔案類型	音質	檔案大小	軟體支援性	硬體支援性	網路傳播性
MP3	佳	大	優	優	優
WMA	優	小	尚可	佳	佳

擷取音樂至電腦中

01　將要擷取的音樂 CD 放置光碟機中，如果專輯自動開始播放，在播放控制列按 ◼ **停止**鈕，先停止播放動作，接著再從原本的 **現正播放** 模式切換至 **媒體櫃** 檢視模式。

02　選按 **擷取設定 \ 格式**，可使用預設的 WMA 音樂格式，也可以挑選其他適合的音樂格式。

03　選按 **擷取設定 \ 音訊品質**，是指每單位時間傳輸的位元數，指定的數值愈大，檔案相對也會變大，可使用預設的 **128 Kbps**，也可以挑選其他適合的每秒位元數。

04 電腦在網路連線的狀態下，會自動找尋專輯相關資訊並且顯示，例如：歌名、演唱者...等資料。預設會將整張專輯曲目勾選，也可以只勾選想要擷取的曲目，再按 **擷取 CD** 鈕。

05 正在擷取的歌曲會以百分比顯示進度，而擷取好的歌曲顯示 **已擷取到媒體櫃**。

> **point**
>
> 如果網路連線後依然無法顯示 CD 專輯的相關資訊，為了避免之後因擷取太多張專輯而找不到喜愛的專輯與歌曲，建議以手動的方式，於該專輯名稱、年份、標題、參與演出者...等處按一下滑鼠右鍵，選按 **編輯**，一一輸入相關資料。

06 當要擷取的音樂曲目 **擷取狀態** 均為 **已擷取到媒體櫃**，表示已完成擷取，這樣一來如果想聽專輯中的某一首歌曲時，只要由電腦中直接選按播放即可，不需要再放入該片專輯 CD 了。

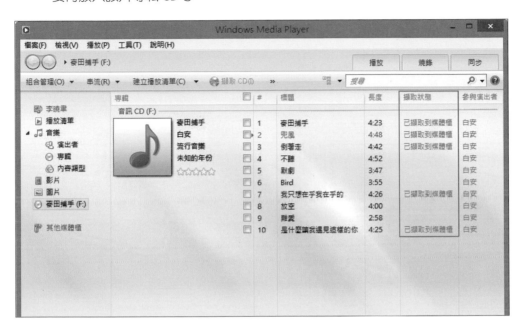

07 Windows Media Player 會將擷取的音樂放置在檔案總管 <音樂> 資料夾，以專輯或演出者名稱命名的資料夾中，方便管理與找尋音樂檔案。

5.4 將喜愛的歌曲燒錄成音樂 CD

如果想將不同歌手的歌曲檔案或是同時將中文、英文、韓文歌曲整理在同一片音樂 CD，只要使用 **燒錄** 的功能，就能將喜愛的歌曲全部燒錄起來。

01 先放入一片空白 CD-R 或 CD-RW 光碟片，這時會於畫面右上角出現磁碟機的通知訊息，先按一下滑鼠左鍵。接著選單中會提供針對音訊 CD 可以執行的動作，在此選按 **燒錄音訊 CD**，使用內建 Windows Media Player 進行燒錄。

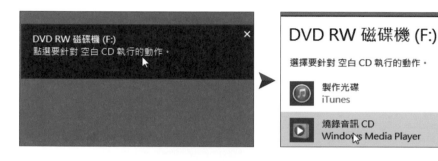

02 在 Windows Media Player **瀏覽窗格** 中選按 **音樂** 顯示全部音樂，接著在喜愛的歌曲上按滑鼠左鍵不放，拖曳至右側燒錄清單中再放開滑鼠左鍵。(也可以按 Ctrl 或 Shift 鍵跨專輯加選多首曲目後，一次拖曳至燒錄清單中。)

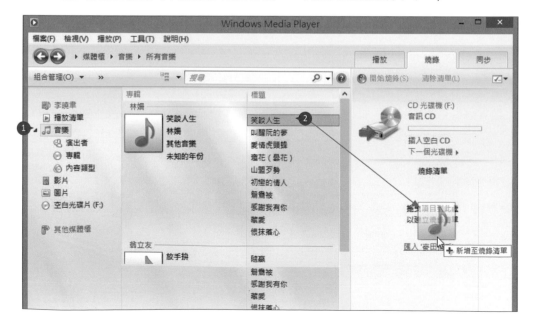

03 將喜愛的音樂拖曳至燒錄清單後，就可以在上方按 **開始燒錄** 鈕進行燒錄的動作，燒錄的進度會以百分比顯示。(一片 CD 光碟片可燒錄約 80 分鐘的 WMA 格式音樂檔，大概 18 首歌曲。)

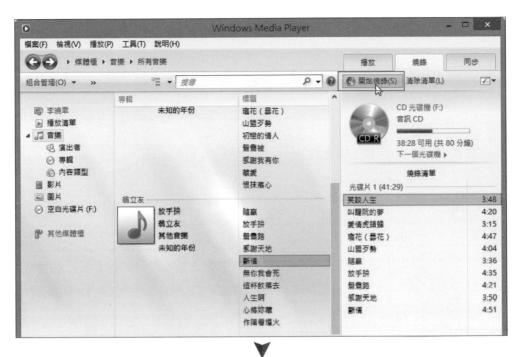

04 當燒錄成功後光碟機會自動開啟，這時就能將燒錄好的音樂 CD，拿到汽車上或者家中的音響播放囉！

point

Windows 8 與 Windows 8 專業版並未內建 DVD 影片播放功能，官方相關支援播放 DVD 影片的功能目前需付費下載，所以當想要觀看 DVD 影片時，建議可以先安裝其他的免費 DVD 播放應用程式，如：KMplayer、射手播放器、VLC 媒體播放程式...等，協助您達到觀看 DVD 影片的目的。

5.5 各種傳輸線與讀取設備

在讀入設備內的相片之前要先將設備正確的與電腦連接,而各種設備有不同的連接埠或傳輸線,以下以最常用的相片放置設備一一介紹。

認識 USB 接頭及符號

設備的接頭有很多種,但目前最常使用的規格為 USB 接頭,在 USB 接頭及要接到電腦上的 USB 連接埠上都會有 USB 的符號。

將設備上的 USB 接頭,對準了電腦上的 USB 連接埠進行插入,因為 USB 接頭有方向性,所以當插不進去的時候,換個方向再試試。

USB符號　　　　　　設備上 USB 接頭　　　　　　電腦上 USB 連接埠

認識相機的讀取方式

要從相機中讀出相片,必須使用傳輸線將相機連接到電腦的 USB 連接埠上進行讀取,由於市面上傳輸線的廠牌眾多,連接相機端子接頭也會有些差異,所以最好使用原廠傳輸線比較不容易影響傳輸。

多數相機的傳輸端子連接埠是在相機的側邊並會加上保護蓋,在使用前要先將保護蓋打開,打開以後一般會看到標示「AV out」的傳輸端子連接埠,接著再將傳輸線分別接上相機連接埠和電腦的 USB 連接埠,這樣就完成連接設備的動作了。

相機傳輸端子連接埠　　　　　　原廠傳輸線　　　　　　電腦的 USB 連接埠

認識記憶卡的讀取方式

記憶卡裡的資料要讀取到電腦裡除了可由相機直接讀出外，也可以使用讀卡機進行讀取，在一般狀況下以讀卡機讀取速度會比較快而省時。

有些讀卡機複合多種記憶卡的讀取功能，所以先了解自己的記憶卡種類，依照標示插入讀卡機中正確的讀寫埠，再將讀卡機的 USB 接頭連接到電腦的 USB 連接埠就可以了。

記憶卡　　　　　　　　　多功能讀卡機　　　　　　　　　電腦的 USB 連接埠

認識行動裝置的讀取方式

由於行動裝置機型眾多，在此以 iPad 與 iPhone 為例說明，iPad 或 iPhone，若為較新一代 ，所使用的連接線為左圖規格，若為之前的機型，則為右圖規格，其差異只在連接線與設備連接的那一端接頭有所不同，但操作方式均是相同的。

將連接線的一頭接上 iPad 或 iPhone 的連接孔，接著將連接線的 USB 接頭接上電腦的 USB 連接埠就可以了。

iPad、iPhone 底部　　　　　　Lightning 連接線　　　　　　電腦的 USB 連接埠

5.6 讀入外接設備內的相片

正確的連接設備之後，可將剛拍好的相片全部或是選擇性的匯入 **相片** 應用程式當中進行更多的瀏覽與編輯。

開啟「相片」應用程式

01 在 **桌面** 環境下，將滑鼠指標移至畫面左下角，於 **開始** 鈕上按一下滑鼠左鍵進入 **開始** 畫面，選按 📷 **相片** 磚開啟應用程式。

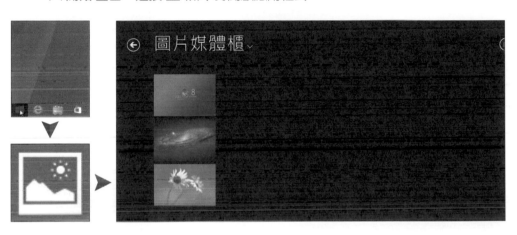

02 於 **相片** 應用程式首頁中可以看到預設 **圖片媒體櫃** 裡的圖片，於圖片上按一下滑鼠左鍵即可瀏覽。如果要瀏覽其他圖片來源時，可選按 **圖片媒體櫃** 右側清單鈕，再選按要瀏覽的來源名稱即可。

圖片媒體櫃 預設可看到的相片就是位於電腦 <圖片> 資料夾中。

匯入相片檔案

相片 應用程式可以直接匯入設備內的相片,先將設備藉由專屬連接線連結到電腦,在此以 iPhone 智慧型手機匯入相片為例來說明。

01 **相片** 應用程式畫面空白處按一下滑鼠右鍵,於畫面下方的快速選單選按 **匯入**,再於清單中選按要匯入的設備項目。

02 待片刻讀取資料後,預設是檔案全部選取的狀態,因為不需要每次都把所有檔案匯入,所以先選按 **清除選擇** 取消全部選取,再以滑鼠左鍵一一選取要匯入的檔案,最後按 **匯入** 鈕就可以把檔案匯入到電腦 <圖片> 路徑下以當天日期命名的資料夾中。

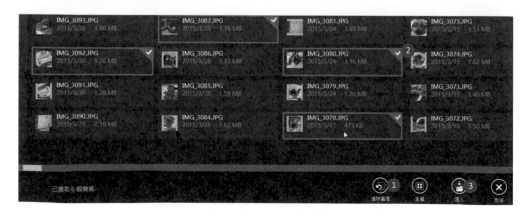

03 完成後就會直接在 **圖片媒體櫃** 下，以當天日期為資料夾名稱，將剛剛選取的圖片全部匯入於此。

回到前一個畫面　　　目前資料夾名稱　　　資料夾內容

在縮圖上按一下滑鼠右鍵，在畫面下方就會出現選單列

5.7 瀏覽檢視相片檔案

相片 應用程式讓匯入的相片不論是以資料夾分類或是以時間日期來排列都清楚易整理,更可以用幻燈片秀的方式來呈現精彩相片。

瀏覽相片

於 **相片** 應用程式首頁中可以看到各種不同的圖片來源選項,如:**圖片媒體櫃**、**OneDrive 相片**...等,都可透過此應用程式來瀏覽。

圖片媒體櫃 裡的相片就是電腦 <圖片> 資料夾中的相片,於資料夾或相片縮圖上按一下滑鼠左鍵即可瀏覽。**圖片媒體櫃** 中的內容依每個人存放的圖片資料而有所不同,來看看如何分辨資料夾縮圖與圖片檔案縮圖:

縮圖下有文字表示為資料夾

縮圖下沒有文字表示為圖片

往右拖曳水平軸,可以瀏覽更多圖片。

若進入了資料夾可再選按要瀏覽的相片縮圖，就可瀏覽單張相片。於相片瀏覽畫面右側按 `>` 鈕可瀏覽下一張，於左側按 `<` 鈕則可瀏覽上一張相片。

放大、縮小相片檢視

於 **相片** 應用程式檢視畫面中，如果資料夾中相片較多時想要一次瀏覽多張相片，可以於右上角選按 ⬛ 縮小相片縮圖就可以多張瀏覽，或是選按 ⬛ 放大相片縮圖。

 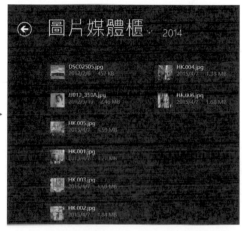

以「幻燈片秀」檢視相片

於相片資料夾內的瀏覽畫面中任一處按一下滑鼠右鍵，於畫面下方的快速選單選按 **幻燈片秀**，就會以投影片的方式播放此資料夾中所有的相片。(按 `Esc` 鍵可取消放映)

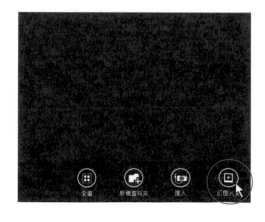

5.8 裁剪及旋轉編輯相片

匯入相片瀏覽時是不是發現，有些相片太大張而沒有辦法顯示拍攝的重點，或是直的相片被橫擺了？趕快來看看如何快速編修！

將相片裁剪成自己要的尺寸

相片裡有太多的景物，因而顯示不出要表達的主題，只要透過裁剪動作即可得到良好的構圖與合適大小。

01 先進入任一張相片的單張瀏覽模式，於畫面任一處按一下滑鼠右鍵，快速選單中選按 **裁剪**。

02 將滑鼠指標移至裁剪框四個角落白色控制點上呈 _☌ 時，按滑鼠左鍵不放拖曳可以調整裁剪框大小，將滑鼠指標移至裁剪框中呈 ✥ 時，可拖曳移動裁剪框，確認裁剪框的大小及位置後，選按 **套用** 即可完成裁剪。

裁剪完成後，選按 **儲存複本**，於畫面任一處按一下滑鼠左鍵，再於左上角選按 ← 回到資料夾中就可以看到已裁剪與原始的相片了。

旋轉相片

拍照時難免會拍到直式的相片，當匯入之後卻變成橫擺的相片，只要用旋轉的功能就可以讓相片轉回正確的方向。

相片單張瀏覽畫面任一處按一下滑鼠右鍵，於下方快速選單選按 **旋轉**，相片就會以 90 度順時針方向旋轉，可按 **旋轉** 多次至所需要的方向。

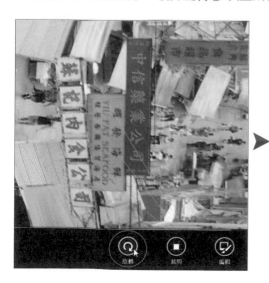 

刪除相片

瀏覽資料夾內的相片時，會發現有些相片是不需要的，可以在選取後一次刪除。

01 首先，於資料夾內瀏覽畫面的右上角選按 ▣，來縮小圖片的顯示比例。

02 於要刪除的相片上按一下滑鼠右鍵即可選取，接著於畫面下方快速選單選按 **刪除**，再按 **刪除** 鈕即可刪除不需要的相片了。

5.9 備份及沖洗相片

拍攝的相片該如何備份在一個穩定又安全的空間呢？隨身硬碟與 USB 隨身碟是常見的選擇，將相片備份在這些設備中，更可方便拿去相館沖洗。

搬移相片檔案到隨身碟

在前幾節當中提到了從外接設備 (例如：相機、記憶卡) 中讀取相片檔案再儲存在電腦本機當中進行編修，但是過多的相片檔案容易導致電腦運算的速度變慢，所以建議要定時的將電腦裡的相片檔案備份到其他硬碟 (例如：硬碟 D 槽) 或是隨身硬碟、隨身碟當中。

儲存在隨身碟中不但讓美好的回憶多一份保障，同時也非常方便攜帶，可以輕易地分享給親朋好友，想要把相片洗出來嗎？也只要帶著已儲存相片檔案的隨身碟到相館交給老闆就可以囉！

01 第一次插入 USB 隨身碟時，於畫面右上角通知訊息先按一下，接著於選單中選按 **開啟資料夾以檢視檔案**。

02 接著會自動切換至桌面模式並開啟檔案總管視窗該隨身碟路徑下。(完成以上步驟後，以後只要連接該 USB 隨身碟就會自動開啟檔案總管)

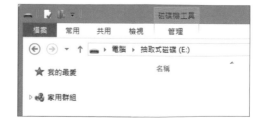

03 再選按桌面上的 **電腦** 圖示，並開啟要進行備份的資料夾，按 Ctrl 鍵不放可以連續選擇多個要進行備份的資料夾，接著於 **常用** 索引標籤選按 **複製**，再回到隨身碟的資料夾於 **常用** 索引標籤選按 **貼上** 就完成備份的工作了。

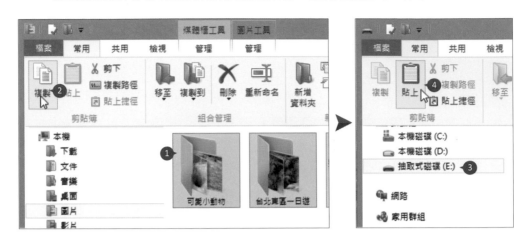

退出設備

在完成傳輸之後要記得取下設備，但是建議最好先由電腦上退出設備再取下傳輸線或 USB ...等，較不會對設備有損壞。

在畫面右下角選按 ▲ **顯示隱藏的圖示 \ 安全地移除硬體並退出媒體**，接著選按要退出的設備，選擇後等待出現 **可以放心移除硬體** 的訊息，就可以將設備從電腦上取下了。

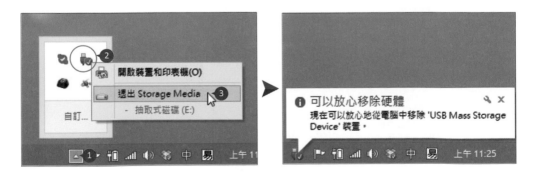

延 伸 練 習

一、是非題

1. (　) Media Player 不能將目前電腦中的音樂、視訊或圖片同步傳輸。

2. (　) Media Player 功能表列預設為隱藏狀態，必須用手動的方式才能開啟。

3. (　) 音樂 CD 如果沒有自動播放，可以以手動播放的方式來執行。

4. (　) WMA 音樂格式為不失真不破壞音樂檔品質的格式。

5. (　) Windows 8 並未內建 DVD 影片播放功能，官方相關支援播放 DVD 影片的功能目前需付費下載。

6. (　) 目前較常使用的 USB 接頭是沒有方向性的，正插反插都可以。

7. (　) 於 **相片** 應用程式 **圖片媒體櫃** 裡的相片就是電腦 <圖片> 資料夾中的相片。

8. (　) 完成傳輸後最好先由電腦上退出設備再取下傳輸線，較不會對設備有損壞。

9. (　) 記憶卡是大部分相機存放相片的一個媒介，可以透過讀卡機將相片讀取到電腦中。

10. (　) 目前 **相片** 應用程式中，可以為相片中的人物去除黑眼圈的特效。

二、選擇題

1. (　) 以下哪一個不是 Windows Media Player 功能表列選項？

    A. **檔案**　　B. **檢視**　　C. **工具**　　D. **繪圖**

2. (　) 以下哪一個不是 Windows Media Player 檢視模式？

    A. **媒體櫃**　　B. **最大化**　　C. **全螢幕**

3. (　) 透過 Windows Media Player 擷取音樂 CD 至電腦時，以下何者無法設定？

    A. 格式　　B. 時間長度　　C. 音訊品質

4. (　) 以下哪一種音樂格式比較不適合用在網路上交流和傳播？

    A. **WAV**　　B. **MP3**　　C. **WMA**

5. (　) 以下哪一個不是 **相片** 應用程式的功能？

    A. **刪除相片**　　B. **旋轉相片**　　C. **裁剪相片**　　D. **套用相片特效**

三、實作題

請依如下提示完成各項操作。

1. 準備一張音樂 CD 並放入至光碟機。

2. 對光碟機執行播放音訊 CD 的動作，切換至 **媒體櫃** 模式開始播放音樂。

3. 將音樂 CD 中的音樂擷取至電腦中備份。

4. 準備一張存有相片檔案的記憶卡或外接設備，接上電腦後，將相片檔案透過 **相片** 應用程式匯入 **圖片媒體櫃** 中。

5 檢視所有相片檔案，挑選需要進行裁剪及旋轉編輯的相片，完成後將相片檔案儲存為新的複本。

6. 完成後將外接設備退出電腦。

6 輕鬆享受
網路生活

6.1 申請、安裝與登入 Chrome

Google Chrome 是結合了極簡設計與先進技術的瀏覽器，不僅讓上網速度變得更快，也讓瀏覽器擁有更高的安全性以及穩定性。

下載並安裝 Google Chrome 瀏覽器

利用 Chrome 瀏覽器搭配 Google 帳戶，不僅能更有效使用 Google 所有服務，雲端同步及擴充應用程式的功能讓 Chrome 更好用，若電腦中尚未安裝 Chrome 瀏覽器，請依如下步驟操作：

01 開啟本機有的任一瀏覽器，連結至 Google 首頁 (https://www.google.com.tw)，於畫面右側按 **下載 Google Chrome** 鈕，進入下載畫面按中央 **下載 Chrome** 鈕。

02 於服務條款畫面下方核選 **將使用統計...**，按 **接受並安裝** 鈕，最後選按 **執行** 鈕即會開始下載並自動安裝，完成後會開啟 Chrome 瀏覽器。

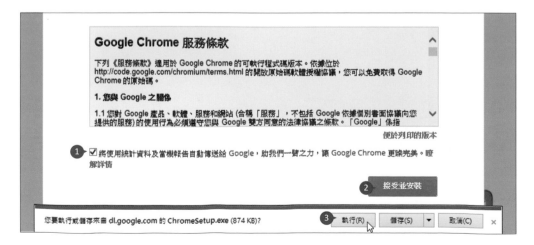

申請、登入 Google 帳戶

要開始 Chrome 瀏覽器之前,可以先申請一組 Google 帳戶,這個帳戶可適用所有 Google 的服務與產品。(如果您已有 Google 帳戶可以直接略過此申請動作)

01 開啟 Google 的 Chrome 瀏覽器,於網址列輸入「http://www.google.com.tw」, 按 Enter 鍵連結到 Google 網站,選按右上角 **登入**。

02 於登入畫面下方選按 **建立建戶**,開啟建立 Google 帳戶畫面,於右側輸入使用 者名稱及密碼,再一一輸入個人相關資訊。

03 輸入正確的驗證碼並核選 **我同意 Google《服務條款》及《隱私權政策》**，按 **下一步** 鈕後再按 **新增相片**。

point

名稱 可以使用中文名稱；**使用者名稱** 則是英、數字搭配都可；設定密碼最少需 8 個以上的字元，且選擇容易記的密碼；若於 **行動電話** 欄位中輸入電話，可在忘記密碼時，協助存取帳戶或是保護帳戶不受駭客入侵。

04 在設定個人相片時，可以選擇以網路攝影機直接拍照，或是由電腦裡選擇喜歡的相片，拖曳出合適的範圍後，按 **設為個人資料相片** 鈕。

最後按 **下一步** 鈕即完成 Google 帳戶的建立並自動登入，如此一來就可以透過此組帳戶使用 Gmail、雲端硬碟、Google 文件...等 Google 服務。

確認在 Chrome 中已登入的 Google 帳戶

利用 Google 帳戶登入 Chrome 除了能方便使用各項服務外，書籤、分頁、瀏覽記錄和其他瀏覽器偏好設定，也會備份到您的 Google 帳戶，以方便日後到其他設備上使用。

只是登入 Google 帳戶並不代表已登入 Chrome，所以當完成了前面建立 Google 帳戶的動作後，為了確保為登入狀態，可以參考如下操作進行檢查：

01 於 Chrome 瀏覽器網址列右側選按 ▤ \ **設定** 開啟設定畫面。

02 於 **登入** 項目下方如果看到出現 **登入** 與您登入的帳號名稱，表示已登入 Chrome，若無請按 **登入 Chrome** 進行登入。。

point

較新的 Chrome 版本中在螢幕右上角看到登入帳號名稱，按一下就可以直接進行帳號的新增或變更。

6.2 使用書籤

將喜愛並常瀏覽的網站儲存在我的書籤中，往後只要選按書籤中的名稱即可快速連結並開啟該網頁頁面，方便又快速！

將喜愛的網頁加至書籤列

01 開啟想加入書籤的網頁畫面，按上方網址列右側 ★ 圖示開啟書籤設定清單，在預設產生的書籤名稱欄位上按一下可重新命名，選按 **新增至資料夾 \ 書籤列**，就會在 **書籤列** 新增此網頁的書籤。

02 剛才的網頁名稱會出現於上方的書籤列中，之後只要按一下就可開啟該網頁。(如果 Chrome 畫面上沒有出現書籤列，可選按 ☰ \ 書籤 \ 顯示書籤列。)

03 也可以在書籤列中建立資料夾來管理書籤，一來可整合同質性的書籤，二來可避免書籤過多找不到的問題。同樣的在要加入書籤的網頁中，按上方網址列右側 ★ 圖示，選按 **新增至資料夾**，再按 **書籤列** 右側 ❯ 鈕。

04 於 **書籤列** 中輸入要新增的資料夾名稱，再按 **建立** 鈕，這樣就會在 **書籤列** 的指定資料夾中新增此網頁書籤了。

匯入其他瀏覽器中的書籤

以前在其他瀏覽器儲存的 "我的最愛"，在開始使用 Chrome 前可以先將這些書籤全部匯入，不用浪費時間重新建立。

01 於網址列右側按 ≡ 鈕 \ 書籤 \ 匯入書籤和設定。

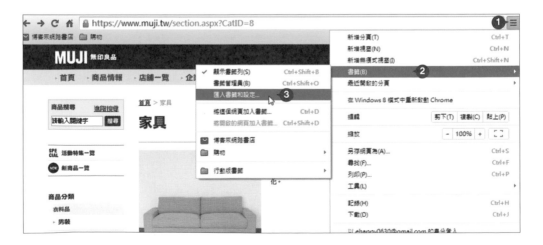

02 於 **匯入書籤和設定** 選擇要匯入的瀏覽器，核選想要匯入的項目，按 **匯入** 鈕。

03 若書籤列已有其他於 Chrome 建立的書籤或資料夾，這時會產生一個以該瀏覽器命名的資料夾 (如此例的 **從 IE 匯入** 資料夾)，將瀏覽器內儲存的書籤全部匯入其中。最後於完成訊息中核選 **一律顯示書籤列**，按 **完成** 鈕即可。

point

若書籤列中是空白的沒有其他書籤時，匯入其他瀏覽器中的書籤，會將那些書籤直接陳列於書籤列中，而不會以該瀏覽器命名的資料夾匯整。

管理我的書籤

書籤一多了，難免會亂七八糟，常常會找不到想找的書籤，利用 **書籤管理員** 好好將自己的書籤整頓一番吧！

01 於網址列右側按 ☰ 鈕 \ **書籤** \ **書籤管理員**，開啟 **書籤管理員** 畫面。

02 首次開啟會出現歡迎畫面，按 **我知道了** 鈕後即進入 **書籤管理員** 畫面。預設會看到一塊塊的網頁縮圖，選按 ☰ 鈕，可由預設的 **塊狀** 檢視模式切換為 **清單** 檢視模式方便編輯。

03 搬移書籤至資料夾：先於 **書籤管理員** 畫面左側選按書籤所在的位置，滑鼠指標移到要搬移的書籤上並核選該書籤，再選按 **選擇資料夾**。 因為這個操作要放到書籤列的資料夾中，所以於清單中選按書籤列右側的 ▶ 鈕開啟下一層的資料夾清單，再直接選按欲搬移至的資料夾即可。

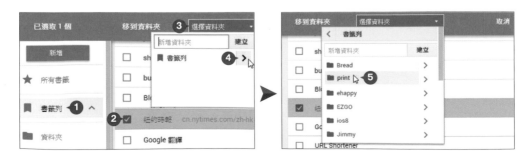

04 刪除書籤：先於 **書籤管理員** 畫面左側選按書籤所在的位置，滑鼠指標移到要刪除的書籤上並核選該書籤，再於畫面右上角選按 **刪除** 鈕就可以刪除書籤。

05 調整書籤順序：先於 **書籤管理員** 畫面左側選按書籤所在的位置，以滑鼠左鍵拖曳要移動的書籤到合適位置後，待書籤於該位置出現時才放開滑鼠左鍵，這樣就完成書籤的移動。

06 搜尋書籤：隨手加入了不少書籤卻一下子想不起來放在哪個資料夾裡，只要在畫面上方的搜尋列輸入關鍵字，再按 Enter 鍵就可以找到了。

6.3 在 Chrome 有效率的瀏覽

Chrome 瀏覽器有許多方便的工具可以讓瀏覽更便利，可以快速開啟想找的網頁，或是在公眾電腦中保有自己的隱私。

一鍵回到 Google 搜尋主頁

按下 **首頁** 鈕可以快速開啟指定的網頁，一般使用者都習慣設定為常用的搜尋畫面，方便連結並搜尋資訊。

01 於網址列右側按 ≡ 鈕 \ **設定**，在畫面中核選 **顯示 [首頁] 按鈕**，再按 **變更**。

02 核選 **開啟此頁**，輸入想指定的網址，按 **確定** 鈕完成。

03 設定好 **首頁** 鈕後，Chrome 會在網址列左側顯示 **首頁** 鈕，按下該鈕即可開啟指定的網頁。

瀏覽私密網頁不怕留下記錄

無痕視窗 能在瀏覽網頁後不會留下任何的瀏覽記錄,使用公用電腦不想留下個人瀏覽記錄時即可使用此設定。

01 於網址列右側按 ≡ 鈕 \ **新增無痕式視窗**,即可開啟一個新的 Chrome 視窗,頁面上會顯示無痕視窗說明。

您已啟用無痕模式。

當您關閉所有無痕模式分頁後,您在其中瀏覽的網頁都不會保留在瀏覽錄、Cookie 儲存庫或搜尋紀錄中。不過,您下載的檔案或建立的書籤全保留下來。進一步瞭解無痕模式瀏覽。

使用無痕模式時,您的雇主和網際網路服務供應商仍然可以追蹤您的瀏錄,您所造訪的網站也可能會記錄您的瀏覽行為。

02 於視窗左上角會出現 🕵 圖示表示已在 "無痕" 模式,在這個視窗內瀏覽過的網站或輸入暫存的資料,在關閉此視窗後即會隨之刪除。

繼續瀏覽上次開啟的網頁

在網路上看到精彩的文章，瀏覽到一半常會被其他因素打斷，關掉瀏覽器後重新再找又會耗費許多時間！跟著以下設定解決這問題。

01 於網址列右側按 **≡** 鈕 \ **設定**。

02 核選 **繼續瀏覽上次開啟的網頁**，在重新開啟 Chrome 時，即可自動開啟上一次關閉 Chrome 時仍在瀏覽的分頁標籤。

一次開啟多個指定網頁

大部分的人在啟動瀏覽器後，會習慣性的開啟幾個固定分頁來瀏覽，每次都得花一些時間來處理這動作，不如看 Chrome 如何聰明處理！

01 於網址列右側按 **≡** 鈕 \ **設定**，在畫面核選 **開啟某個特定網或一組網頁**，再按 **設定網頁**。

02 於 **起始網頁** 欄位輸入想一次開啟的網站網址，輸入完按 `Enter` 鍵即新增，繼續完成新增的動作後按 **確定** 鈕，在下次啟動 Chrome 時就可直接開啟這一組指定頁面。

6.4 利用 Chrome 放大檢視與翻譯內容

在 Chrome 瀏覽時有許多不同的應用與檢視方式，可以依照自己的需要來放大縮小或是檢視瀏覽記錄，還可以快速搜尋及直接翻譯整頁內容，讓搜尋瀏覽更為方便。

改變網頁內容的顯示比例與全螢幕瀏覽

如果覺得網頁中的文字太小不易閱讀時，可利用縮放功能改變網頁內容顯示比例。

01 隨意開啟任一網頁內容 (如 Google 新聞)，於網址列右側按 ≡ 鈕，在 **縮放** 項目選按 ⊕ 鈕即可放大網頁的顯示比例，多按幾次直到合適的文字大小即可；如要回復原本顯示比例時，可選按 ⊖ 鈕直到回復 **100%**。

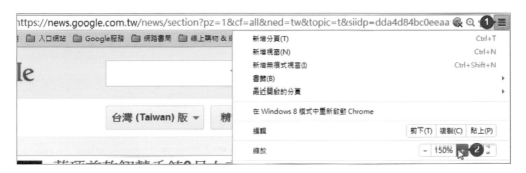

02 選按 ⛶ 鈕即可進入全螢幕模式。如要退出全螢幕模式，請先將滑鼠指標移至畫面中央上方處出現提示訊息，按 **退出全螢幕 (F11)** 即可回到正常檢視模式。

檢視或查詢之前的瀏覽記錄

想不起幾天前瀏覽過的網頁位址，怎麼辦呢？只要開啟 **記錄** 就可以查看造訪過的網站清單，再從中取得需要的資訊。

01 於網址列右側按 ≡ 鈕＼**記錄**，Chrome 會另外開啟 **歷史記錄** 的分頁標籤。

02 於 **歷史紀錄** 畫面中，除了可看到本機的瀏覽記錄，還可以看到其他同步設備上的瀏覽記錄，也可以於 **搜尋紀錄** 欄位中輸入要搜尋的關鍵字。

不用到 Google 首頁也能搜尋關鍵字

Chrome 瀏覽器的網址列除了可輸入與顯示網址，它還整合了搜尋的功能，只要輸入想搜尋的關鍵字後，即可找到想要的資料。

01 於網址列輸入要搜尋的關鍵字，按 `Enter` 鍵。

02 Chrome 會使用預設的 Google 搜尋引擎找出相關的搜尋結果。

Chrome 翻譯機瀏覽外文網頁沒問題

開啟全是外文的網站看不懂怎麼辦？沒關係，透過 Chrome 內建的翻譯功能即可輕鬆瀏覽，再也不用畏懼密密麻麻的外文單字。

01 於網址列右側按 ≡ 鈕 \ **設定**，在畫面最下方按 **顯示進階設定** 開啟更多項目，核選 **語言 \ 詢問是否將網頁翻譯成您所用的語言**，並再按 **管理語言**。

02 於 **語言** 對話方塊中左側先選按要翻譯的語系，再核選 **翻譯這個語言的網頁**，按 **完成** 即完成。

03 之後開啟外文頁面時，網址列最右側就會出現 🔤 圖示並詢問是否要翻譯此網頁的對話方塊 (沒有出現的話可手動按一下圖示)，選按 **翻譯** 鈕後，Chrome 就會自動將頁面翻譯完成。(如要回復原始頁面，只要再按 **顯示原文** 鈕即可。)

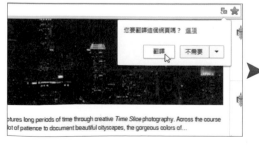

Google 搜尋什麼都能找

想要找資料來 Google 就對了，除了可以用一般的文字搜尋網頁、圖片，也可以用圖片或聲音搜尋，還可以指定多種的搜尋條件讓結果更符合需求。

用關鍵字及運算子精準搜尋資料

Chrome 瀏覽器的 "網址列" 除了可輸入與顯示網址，還整合了搜尋的功能，只要輸入想搜尋的關鍵字即可找到想要的資料。

01 於網址列輸入「海外留學」(下方會出現建議關鍵字清單)，按 `Enter` 鍵後會列出多筆搜尋結果。

02 可再於搜尋列輸入其他關鍵字繼續搜尋，使用空白鍵可以串連多個關鍵字進行更精準的搜尋。

除了加入「空白鍵」及「or」串連關鍵字，還可以利用其他「搜尋運算子」為搜尋加入更多註解，即可縮小搜尋結果的範圍，以取得精準正確的資料。

搜尋運算子	說明
-	在某個字詞或網址前加上減號 (-)，即可排除所有包含該字詞的結果。例如搜尋民宿不想住在市區，可以輸入：「民宿 -市區」。
" "	使用引號 ("")，可找尋完整的句子或精確的字詞，常用於搜尋歌詞或書中文句，例如輸入：「"Let It Go"」，如果不用引號就會搜尋到所有包含這三個字的網頁了。
*	查詢句子時，如果忘了其中的一、二個字可以利用乘號 (*) 來替代，例如輸入：「白日依*盡 黃河入*流」。
..	(..) 這個符號可以查詢一個範圍，例如查詢價格在 10,000 至 20,000 之間的單眼相機，可以輸入：「單眼相機 $10000..$20000」

搜尋指定尺寸、顏色、類型的圖片

Google 圖片資料庫中收錄幾十億張圖片，如果只以關鍵字搜尋往往無法快速找到合適的，此時搭配搜尋工具來篩選出需要的圖片。

搜尋圖片時，篩選指定尺寸、顏色、類型...等的方法大同小異，在此示範篩選出圖片實際大小為 "寬：800 像素"、"高：600 像素" 的圖片。

01 於搜尋列輸入關鍵字「京都楓葉」，按 Enter 鍵後再選按 圖片 項目，會出現圖片搜尋結果，接著選按 搜尋工具 鈕，選按 大小 \ 指定大小。

02 於視窗中輸入要搜尋的圖片寬度與高度的畫素，再按 開始搜尋 鈕，就可以看到所有符合指定尺寸的圖片。(將滑鼠指標移至圖片上即可看到該圖片尺寸大小的標示)

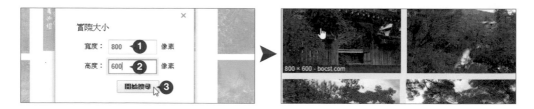

搜尋不同使用權限的圖片

網路上搜尋取得的圖片在使用時要特別注意著作權限上的說明，可以在搜尋圖片時以搜尋工具依不同的使用權限直接篩選。

選按 搜尋工具 鈕後，接著選按 使用權限 選項，於清單中可以選擇是否可以重複使用、修改或是可用於商業用途的圖片篩選條件。

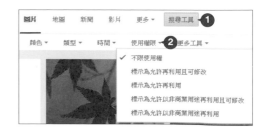

搜尋指定時間長短、品質、來源的影片

關鍵字除了可搜尋圖片,也可以用來搜尋影片,如果只以關鍵字搜尋往往無法快速找到合適的,此時搭配搜尋工具來篩選出需要的影片。

搜尋影片時,篩選指定時間長度或是品質、來源...等的方法大同小異,在此示範篩選出內容為 4-20 分鐘長度、來源為 youtube.com 的影片。

01 於搜尋列輸入關鍵字「香港叮叮車」,按 Enter 鍵後再選按 **影片** 項目,就會出現香港叮叮車相關影片。

02 選按 **搜尋工具** 鈕,再選按 **長短不限 \ 4-20 分鐘**,就可以篩選出影片時間長度介於 4-20 分鐘的影片。

03 現在有許多不同的影片網站,有時候只想找單一網站來源的影片,按 **所有來源**,於清單中選按來源網站名稱就可以了。

point

想要變更其他的搜尋條件,可以先按 **清除**,就會將目前的搜尋條件清除,這樣即可再重新設定搜尋條件。

搜尋指定學術網或特定機構資料

若只想於學術、政府相關網站搜尋資料，或在某個購物網搜尋產品，都可以用「site:」來指定。

於搜尋關鍵字後方按一下空白鍵，加上「site:」再加上相關的網站或網域就可以，例如輸入「快快樂樂學 site:www.books.com.tw」就是於博客來網站中搜尋 "快快樂樂學" 相關的產品。

「site:」後方的關鍵網址不需要輸入「http://」，除了可以直接輸入網址來做為指定以外，也可以利用以下的搜尋運算子來指定搜尋或排除相關網域：

搜尋運算子	說明
site:edu	於學術單位網域中搜尋。
site:-edu	搜尋除了學術網域以外的範圍。
site:gov	於政府單位網域中搜尋。
site:org	於財團法人網域中搜尋。
site:edu.tw	於台灣的學術單位網域中搜尋。「.tw」的部分可以替換成各國國碼，常用的國碼有 hk (香港)、cn (中國大陸)、jp (日本)、ca (加拿大)、uk (英國)。

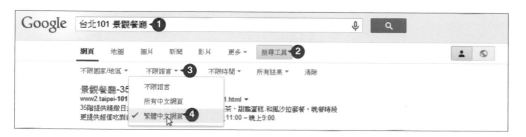

利用搜尋工具指定多個篩選條件

利用搜尋工具設定多個篩選條件，例如：語言或是時間，可以讓搜尋結果更符合想要搜尋的資料。

若想搜尋台北 101 的景觀餐廳的推薦文，且希望是於三個月內發表的文章，最好是繁體中文以便閱讀。

01 於搜尋列輸入關鍵字「台北101 景觀餐廳」，按 Enter 鍵後再選按 **搜尋工具** 鈕，選按 **不限語言 \ 繁體中文網頁**。

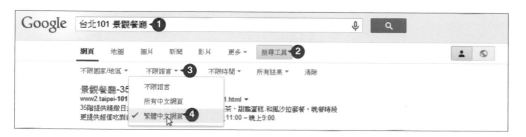

02 選按 **不限時間 \ 自訂日期範圍**，於對話方塊中輸入要搜尋日期範圍，再按 **開始搜尋** 鈕，就可以將搜尋的結果自訂在指定的三個月內。

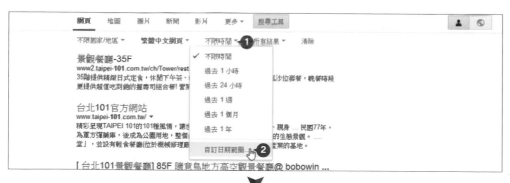

用圖片來搜尋資料

有時候手上只有相關的圖片，卻不知道該圖內物品名稱或是風景地點名稱，這時只要以圖搜圖就可以找到相關的搜尋結果。

01 於「www.google.com.tw」Google 首頁選按上方功能表中的 **圖片** 轉換至圖片搜尋畫面，再選按搜尋欄位右側 回 **以圖搜尋**。

02 選按 **上傳圖片** 標籤，再按 **選擇檔案** 鈕，指定電腦中要做為搜尋依據的圖片檔案的位置及檔名後，按 **開啟** 鈕，即開始以該圖片進行搜尋。

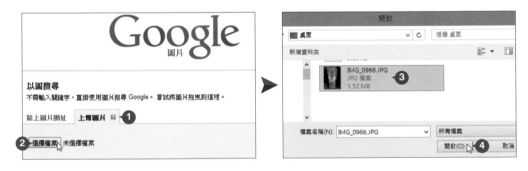

03 搜尋完成後，搜尋欄位中就會出現 Google 自動判斷的關鍵字，下方也會出現包含網頁及圖片的搜尋結果。

在 Google 書庫找書或收藏喜愛書籍

Google 書庫 中有上百萬本的書籍資料，在這裡可以找到想要閱讀的書籍，還可以試閱及收藏到自己的書櫃中。

01 於網址列輸入「books.google.com」，按 Enter 鍵進入 **Google books** 首頁，於 **搜尋書籍** 欄位中輸入關鍵字 (可為書名、書內詞句、書號...等)，按 **搜尋書籍** 鈕開始搜尋。

02 選按正確的搜尋結果即可開啟試閱畫面，如果想收藏此電子書，於畫面上方選按 **加入我的圖書館 \ 我的收藏**，就可以將這本書籍新增到 **我的收藏** 項目。(如果想買此本電子書可按左側 **購買電子書** 鈕，即可連結至 **Google Play** 購買。)

03 如要查詢已收藏的圖書品項，於畫面左側選按 **我的收藏**，就可以查詢到已收藏的書籍列表。

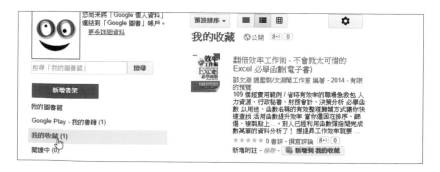

搜尋全球學術論文

搜尋學術文章的資料時，如果使用一般的搜尋方式可能會找到許多不相干的資訊，**Google 學術搜尋** 提供了一個簡單的平台，可以廣泛搜尋學術性文獻以及學術單位的報告、論文、書籍、摘要...等資料。

01 於網址列輸入「scholar.google.com.tw」進入 **Google 學術搜尋** 首頁，於搜尋圖書欄位中輸入搜尋關鍵字，接著按 **搜尋** 鈕開始搜尋。

02 在出現搜尋結果後可以於左側欄位選按篩選條件，這裡選按 **2013 以後**、**按日期排序** 及 **搜尋繁體中文網頁**，就可以找出二年內相關題目的繁體中文論文。

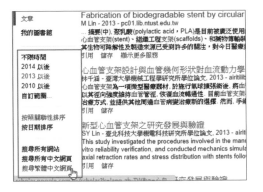

03 找到想要的論文後可以將其儲存到 **我的圖書館** 中，選按論文連結下方 **儲存** 即可 (如果是第一次使用請在說明頁面中再按一次 **儲存** 鈕)。

04 完成論文的儲存後，於左側欄位選按 **我的圖書館** 就可以檢視所有儲存的文章。

Chrome 線上應用程式商店

Chrome 線上應用程式商店，擁有各式各樣應用程式與擴充功能，利用商店中的應用程式或擴充功能，讓 Chrome 瀏覽器更加的強大。

進入 Chrome 線上應用程式商店

 於網址列右側按 ☰ 鈕 \ **更多工具** \ **擴充功能**。

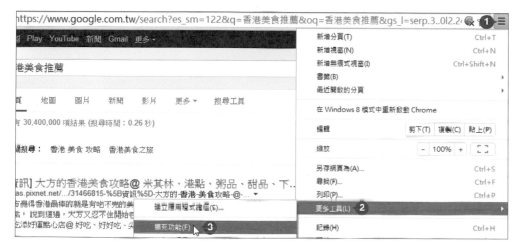

 第一次安裝擴充程式時，請按 **瀏覽擴充功能庫**，即可連上 **Chrome 線上應用程式商店**。(之後要再安裝其他程式時，則需按該頁面下方 **取得更多擴充功能**。)

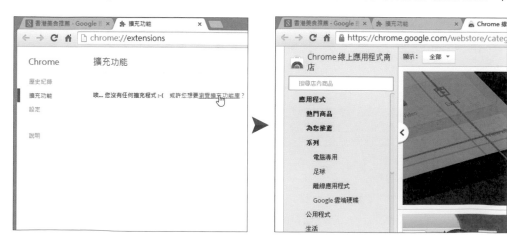

整理大量分頁並同時釋放佔用的記憶體

Chrome 同時開啟多個分頁時，這些分頁會佔據不少的記憶體容量，這裡示範如何使用 OneTab 這個擴充功能管理分頁並釋放佔用的記憶體。

01 於 **Chrome 線上應用程式商品** 首面左側搜尋欄位輸入「onetab」，按 Enter 鍵，出現搜尋結果後，於該擴充功能右側按 **免費** 鈕。

02 出現提示對話方塊確認資訊後，按 **新增** 鈕，安裝完畢後即可在 Chrome 瀏覽器視窗的網址列右側看到該擴充功能的 🍸 圖示。

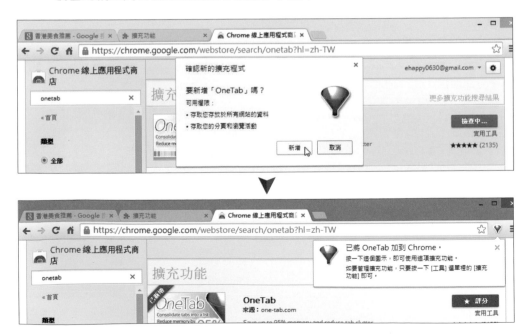

03 為了查詢資料開了許多分頁，這些分頁吃掉了不少記憶體空間，這時可按一下  圖示，所有的分頁就會全部關掉，並將其連結整理至名為 OneTab 的分頁中。(關閉分頁的同時，Chrome 分頁所佔用的記憶體也會同時釋放。)

04 頁面中會記錄剛剛關掉的所有分頁清單，日後只要再按一下  圖示，出現的分頁清單除了最新的幾筆，也會有之前整理到 OneTab 中的記錄。選按想要開啟的連結，就會以新分頁開啟並於清單中刪除該筆連結資料。

封鎖不安全的網站

網路中常會有些不安全的網站，像是詐騙、廣告...等，開啟這些網站可能會讓電腦中毒，建議先行封鎖這些網站，避免日後不小心開啟。

01 於 **Chrome 線上應用程式商品** 首面搜尋並安裝 **Block site** 擴充功能，接著於網址列右側按 ☰ 鈕 \ **更多工具** \ **擴充功能**，在 **Block site** 項目中按 **選項**。

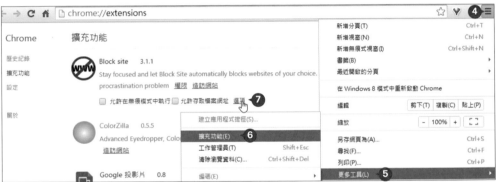

02 接著開啟 **Block site** 設定頁面，於 **List of blocked sites** 下方欄位輸入要封鎖的網址，再按 **Add page** 鈕即可。除了封鎖該網站外，還可以指定轉址連接到安全頁面去，只要在 Redirect to 欄位輸入指定的網址，再按 **Set** 鈕即可。

延伸練習

一、是非題

1. (　　) 於 Google 帳號申請輸入電話，可在忘記密碼時，協助存取帳戶或是保護帳戶不受駭客入侵。

2. (　　) 利用 Google 帳戶登入 Chrome 日後可以到其他設備上使用 Chrome 進行同步。

3. (　　) 將常瀏覽的網站儲存在我的書籤中，只要選按書籤中的網站名稱即可快速連結並開啟該網站頁面。

4. (　　) Chrome 內建的翻譯功能於管理語言中設定，不能指定要翻譯的語系。

5. (　　) **Google 書庫** 可以直接搜尋學術性文獻以及學術單位的資料。

二、選擇題

1. (　　) 如果想要搜尋某張圖片內容的相關資料，可以使用 Google 什麼功能？
   A. 書庫　B. 運算子搜尋　C. 以圖搜尋

2. (　　) 在 Chrome 網址列左側設定顯示什麼鈕，即可透過選按該鈕開啟指定網頁？
   A. **首頁** 鈕　B. **新增資料夾** 鈕　C. **管理員** 鈕

3. (　　) 如果希望瀏覽網頁後不會留下任何的瀏覽記錄，需要使用哪種視窗？
   A. **指定視窗**　B. **無痕視窗**　C. **最愛視窗**

4. (　　) 第一次安裝擴充程式時，按什麼連結即可連上 Chrome 線上應用程式商店？A. **瀏覽擴充功能庫**　B. **取得更多擴充功能**　C. 以上皆非

5. (　　) 用以下哪一組運算子可以搜尋政府單位網域中的資料？
   A. **site:edu**　B. **site:org**　C. **site:gov**

三、實作題

請依如下提示完成各項操作。

1. 請於 Chrome 開啟無痕式視窗。

2. 搜尋「巴黎鐵塔」與「舞者」關鍵字圖片。

3. 指定搜尋結果圖片要大於 4 百萬像素的黑白相片，還要顯示出圖片大小尺寸。

4. 在 **Google 書庫** 搜尋「大數據」與「教育」。

5. 開啟第一個網頁連結，並加入至書籤列中新增的「教育」資料夾。

7

收發
電子郵件

7.1 使用 Gmail 電子郵件

Google 旗下的電子郵件服務 Gmail，提供操作簡易及包含超大容量的免費空間，並可以在任何一台可上網的電腦上使用。

01 開啟瀏覽器 (在此以 Chrome 操作示範) 連結至 Google 首頁 (https://www.google.com.tw)，確認已登入 Google 帳號後選按 Google 功能表中的 **Gmail**。

02 進入 **Gmail** 介面後，會先出現 **歡迎使用** 畫面，如果是第一次使用，可以按 **繼續** 鈕，藉由新手導覽快速熟悉各項功能與操作方式。

7.2 寫信、收信與回信

登入 Gmail 後，就可透過 Gmail 進行寄信、收信與回信的動作，隨時隨地收發重要信件，不再是件困難事！

寫封信給朋友並進行傳送

為了測試信件是否可以正常收發，先寄封測試信給自己吧！

01 於 **Gmail** 畫面左側按 **撰寫** 鈕，開啟 **新郵件** 視窗。

02 輸入收件者的電子郵件帳號、主旨及信件內容後，按 **傳送** 鈕。

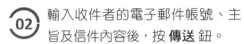

閱讀收到的電子郵件

除了寫信與寄信，當收到別人的電子郵件時，如何閱讀？以下就開啟剛剛寄送給自己的測試信。

01 **收件匣** 除了顯示未讀取的電子郵件數量，郵件清單中尚未讀取的電子郵件字體也會呈現粗黑狀。選按信件的主旨文字，即可閱讀詳細內容。

02 瀏覽結束後，可以選按 **←** 返回 **收件匣** 鈕回到 **收件匣** 郵件清單。

回信或轉寄

收到的電子郵件，可於瀏覽過後，直接回覆對方或是轉寄給其他人。

01 想要回信給對方時，只要在開啟的郵件瀏覽畫面中選按 ↩ **回覆** 鈕，直接輸入回覆內容後，按 **傳送** 鈕即可。

02 如果想要轉寄給其他人，可以在開啟的郵件瀏覽畫面中，選按 ▾ **更多** 清單鈕 \ **轉寄**，輸入收件者的電子郵件帳號後，按 **傳送** 鈕完成轉寄動作。

point

在進行回覆或轉寄的過程中，如果想取消正在撰寫的信件，可以在下方選按 🗑 **捨棄草稿** 鈕。

7.3 刪除與管理電子郵件

看過的電子郵件如果不想保留，可以透過 **刪除** 清除不需要的電子郵件，避免佔用收件匣的空間。

刪除單一電子郵件

在開啟的郵件瀏覽畫面中，選按上方 ■ **刪除** 鈕，即可刪除該封電子郵件。

一次刪除多封或所有電子郵件

如果覺得一封封刪除電子郵件很麻煩，可以透過以下方式，一次選取多封或是所有不需要的電子郵件，進行刪除。

01 在郵件清單中核選多封要刪除的電子郵件後，選按 ■ **刪除** 鈕，可以刪除多封選取的電子郵件。

02 想要一次選取並刪除全部的電子郵件時，可以選按 ☑▾ **選取** 鈕 \ **全選**，再選按 ■ **刪除** 鈕，即可刪除所有郵件。

刪錯了？！復原已刪除的電子郵件

一不小心刪錯電子郵件怎麼辦？不要慌！Gmail 可以透過以下方式回復刪除的郵件。

01 刪除電子郵件後，會於上方立即出現黃底黑字的通知訊息，如果當下發現刪錯了信件時，選按 **復原** 即可將刪除的信件，重新置放於 **收件匣** 中。

02 如果錯過了黃底黑字的通知訊息，選按 Gmail 畫面左側 **更多**，於展開的清單中選按 **垃圾桶**，找到刪除的電子郵件進行復原。

03 剛才刪除的電子郵件會暫存於此，保留 30 天後 Gmail 自動清除。這時可以核選要復原的一封或多封電子郵件後，選按 ▣▾ 移至 鈕 \ **收件匣** 即可還原。

信箱容量爆滿？永久刪除電子郵件

垃圾桶 中存放的郵件，雖然 Gmail 會於 30 天後進行永久刪除的動作，但若信箱已爆滿，手動刪除還是最即時有效率的方法。

01 在 **垃圾桶** 中可以核選個別電子郵件，選按 **永久刪除** 鈕，即可永久刪除該郵件。

02 或直接選按 **立即清空垃圾桶**，在提示對話方塊中按 **確定** 鈕，確認刪除的郵件後，即可永久刪除 **垃圾桶** 中的所有郵件。

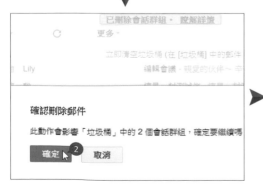 

7.4 信件中夾帶檔案

電子郵件除了可以輸入文字之外，還可以插入相片、文件或音樂...等檔案，以附加檔案的方式進行傳送。

電子郵件中附加檔案

01 開啟新郵件，輸入收件者帳號、主旨及內容後，選按下方 🔗 **附加檔案** 鈕，於 **開啟** 對話方塊中選取需要附加的檔案，按 **開啟** 鈕。

02 選按下方 🔗 **附加檔案** 鈕可以繼續加入其他檔案，檔案會一一上傳，如果按檔案右側 ✖ 鈕則是取消檔案的附加，最後再按 **傳送** 鈕將此包含附加檔案的郵件寄送出去。

Gmail 支援 10GB 超大附加檔案

Gmail 電子郵件附加檔案大小最多只能到 25MB，不過和 Google 雲端硬碟整合後，利用 Gmail 寄送 10GB 以內大小的附加檔案都不成問題哦！

01 開啟新郵件，輸入收件者帳號、主旨及內容後，選按下方 ◢ **使用雲端硬碟插入檔案** 鈕。

02 一開始會出現 **使用 Google 雲端硬碟插入檔案** 畫面，可選擇已儲存於雲端硬碟中的檔案，或上傳在本機電腦中的檔案，在此選擇後者，所以在 **上傳** 項目中按 **從您的電腦中選取檔案** 鈕，於 **開啟** 對話方塊中選取要附加的檔案，按 **開啟** 鈕。

03 若選擇的是目前在本機中的檔案，按 **上傳** 鈕時，會將選取的檔案先傳送到雲端硬碟中。

04 上傳完成後就會在郵件內容下方產生下載連結，最後按 **傳送** 鈕將此包含附加大檔案的郵件寄送出去。

<hr />

point

如果沒有仔細檢查檔案大小，就選按 📎 **附加檔案** 鈕並選取檔案後，會出現如下的警告訊息，提醒您附件大小超過 25 MB 上限，不過請放心，仍可以選擇使用 Google 雲端硬碟傳送檔案。

> 您要傳送的檔案超過附件大小上限 (25 MB)。　×
>
> 但請放心，您可以使用 Google 雲端硬碟傳送該檔案。
>
> 使用 Google 雲端硬碟傳送　　暫時不要

瀏覽並下載電子郵件中的附加檔案

收到對方寄送的電子郵件,內含附加檔案時,除了直接於線上預覽外,也可以下載至本機儲存或下載至雲端硬碟存放。

01 在 **收件匣** 中收到的電子郵件,如果主旨右側有顯示 🔗 迴紋針圖示時,代表這封電子郵件有附加了檔案。

02 在開啟的郵件瀏覽畫面中,會於內容下方顯示附件檔案縮圖。

03 選按縮圖即可以直接瀏覽檔案詳細內容;如果按 ⬇ 或 △ 鈕則可以選擇下載至本機或儲存至雲端硬碟。

7.5 分類整理電子郵件

Gmail 中的電子郵件，可利用自動分類功能或者建立標籤的方式，自動過濾到 **主要**、**社交網路** 或 **促銷內容**...等預設分頁，進行分類整理，讓尋找郵件時變得更有效率。

郵件自動分類整理更輕鬆

01 在 **收件匣** 中 Gmail 預設已經啟動自動分類功能，但如果沒有看到 **主要** 或 **社交網路**...等預設分頁，或是還想開啟其他分頁時，可以選按 ⚙ **設定** 鈕 \ **設定收件匣**。

02 在 **選擇要啟用的分頁** 中，預設提供 **主要**、**社交網路**...等五個分頁，可以透過核選與否選擇要啟用或隱藏的分頁，還可以將加星號的郵件指定放在 **主要** 分頁，接著按 **儲存** 鈕完成設定。

建立標籤讓電子郵件分類更清楚

如果覺得自動分類功能所提供的分頁不太夠用，也可以透過手動方式建立需要的標籤，讓郵件透過分頁標籤管理。

01 選按 Gmail 畫面左側 **更多**，於展開的清單中選按 **建立新標籤**。

02 在 **新標籤** 中，輸入新的標籤名稱後，按 **建立** 鈕。

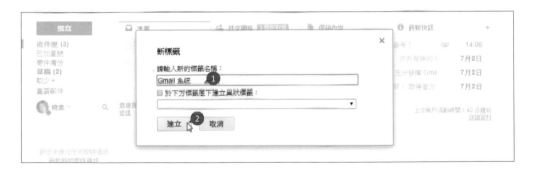

03 回到 **收件匣**，先核選要建立篩選條件的一或多封電子郵件後，選按 **更多 \ 篩選這類的郵件** 準備建立篩選條件。

04 在 **篩選器** 中，**寄件者** 會自動填入對方的電子郵件，確認無誤後選按 **根據這個搜尋條件建立篩選器**。

05 接著核選 **套用標籤**，選按 **選擇標籤 \ Gmail 系統** (剛才建立的新標籤)，再核選 **將篩選器同時套用到 3 個相符的會話群組** 後按 **建立篩選器** 鈕。

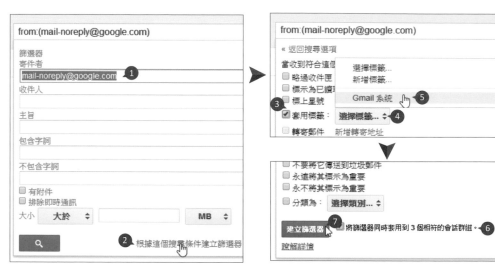

06 回到 **收件匣** 中，會發現之前核選的電子郵件，會標示 **Gmail 系統** 文字 (剛剛建立的新標籤)，而左側會出現 **Gmail 系統** 標籤，相關電子郵件都已歸納於此處。

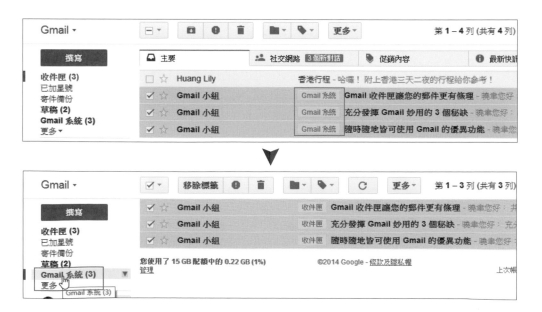

7.6 在電子郵件結尾處自動附加簽名

電子郵件簽名可以是公司名稱、姓名、地址、手機...等資訊，以文字或圖片方式附加在信件後方，讓收到這封電子郵件的人能掌握相關資訊。

01 在 Gmail 畫面中選按 ⚙ **設定** 鈕 \ **設定**。

02 在 **設定** 畫面中，於 **一般設定 \ 簽名** 項目核選如圖標示處，輸入簽名資料並設定文字格式後，選取要加入連結的電子郵件或網址，按 🔗 **連結** 鈕。

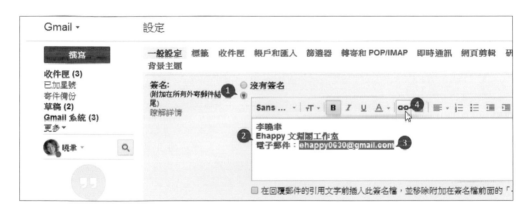

03 加入連結的電子郵件會呈現藍字底線 (選按 **變更** 可編輯連結，選按 **移除** 可刪除連結)，最後於最下方按 **儲存變更** 鈕，之後在新增電子郵件時便會附加簽名。

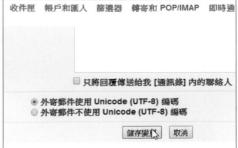

7.7 有新郵件時自動跳出桌面通知

新郵件的狀態，常可以透過安裝郵件通知的外掛軟體以即時掌握，不過現在透過 Gmail 內建的 **桌面通知** 功能，就可以在工作中隨時查看新郵件訊息。

01 在 Gmail 畫面中選按 ⚙ 設定 鈕 \ 設定，於 一般設定 \ 桌面通知 項目核選 **啟用新郵件通知** 後，選按 **按這裡即可啟用 Gmail 的桌面通知功能**。

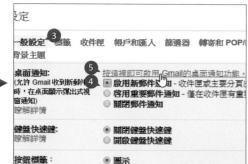

02 接著會於瀏覽器上方出現允許通知，按 **允許** 鈕後，回到 **設定** 畫面最下方，按 **儲存變更** 鈕。

03 下一次登入 Google 帳戶並維持 Gmail 畫面開啟不關閉的狀態下，當收到新郵件時，就會於電腦桌面右下角出現通知訊息。

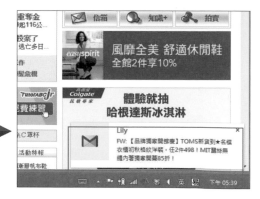

7.8 將好友的電子郵件加入通訊錄

每次寄封信，還要輸入對方的電子郵件真是麻煩！在此說明如何整理好友的電子郵件，建立屬於自己的通訊錄。

01 於 Gmail 畫面左側，選按 **Gmail \ 通訊錄**，切換到相關畫面。

02 於畫面左側按 **新增聯絡人** 鈕，右側會開啟空白聯絡人介面，輸入聯絡人姓名、電子郵件，或其他基本資料即完成建立。

延伸練習

一、選擇題

1. (　) Gmail **收件匣** 中電子郵件字體呈現粗黑狀，是表示？
   A. **廣告信**　　　B. **未讀取**　　　C. **已回覆**　　　D. **有附加檔案**

2. (　) 收到 Gmail 電子郵件後，想要回信給對方時，可以在開啟的郵件瀏覽畫面中選按什麼按鈕？
   A. ⬅ **回覆** 鈕　　　　　B. ⋮ **更多** 清單鈕
   C. 🗑 **刪除** 鈕　　　　　D. 📎 **附加檔案** 鈕

3. (　) 在 Gmail 進行回覆或轉寄的過程，想要取消正在撰寫的信件，可選按什麼鈕？
   A. 📎 **附加檔案** 鈕　　　B. 🗑 **捨棄草稿** 鈕
   C. 🗑 **刪除** 鈕　　　　　D. ⋮ **更多** 清單鈕

4. (　) **垃圾桶** 中存放的郵件，Gmail 會於幾天後進行永久刪除的動作？
   A. 10 天　　　　B. 20 天　　　　C. 30 天　　　　D. 40 天

5. (　) 選按何者選項，可以在 Gmail **垃圾桶** 中一次將所有郵件永久刪除？
   A. 🗑 **刪除** 鈕　　B. 刪除　　C. 永久刪除　　D. 立即清空垃圾桶

6. (　) 若是在 Gmail 郵件中插入相片、文件或音樂...等檔案，需要選按什麼按鈕？
   A. 📎 **附加檔案** 鈕　　　B. 🗑 **捨棄草稿** 鈕
   C. 🗑 **刪除** 鈕　　　　　D. ⋮ **更多** 清單鈕

7. (　) Gmail 電子郵件附加檔案大小最多只能可以到幾 MB？
   A. 25 MB　　　B. 20 MB　　　C. 30 MB　　　D. 15 MB

8. (　) Gmail 利用雲端硬碟加入附加檔案，可以寄送幾 GB 以內的檔案大小？
   A. 25 GB　　　B. 20 GB　　　C. 10 GB　　　D. 15 GB

9. (　) Gmail 開啟加了附件檔案的電子郵件瀏覽畫面中，按什麼按鈕可下載至本機？
   A. ⚙　　　　　B. ⬇　　　　　C. ▲　　　　　D. 📎

10. (　) Gmail 透過下列何種功能，可以讓電子郵件分類更清楚？
    A. 更多　　　B. 建立新標籤　　C. 設定收件匣　　D. 轉寄

8 體驗有趣的
娛樂市集

· Windows 市集初體驗
· 下載遊戲應用程式並安裝執行
· 下載影像特效應用程式並安裝執行

8.1 Windows 市集初體驗

市集是一個可以下載及購買應用程式的平台，可以找到遊戲、新聞、音樂與影片...等各類型應用程式，豐富工作與生活！

瀏覽熱門或最新的應用程式

01 進入 **開始** 畫面，選按 **市集** 磚開啟市集畫面。

02 在 **市集** 首頁，整理了 **精選**、**遊戲**、**社交**、**娛樂**...等多達 20 種的分類。除了可以藉由 **精選** 類別瀏覽微軟推薦的各式應用程式，也可以根據使用或功能需求，透過相關分類進行尋找。

市集功能表 ——

推薦
應用程式區 ——

左右拖曳滑桿可以看到其他分類

03 如果想要瀏覽其他的分類，可以於 **市集功能表** 選按 **類別** 清單，可以快速找到需要的分類，接著只要在該分類上按一下，就可以移動到該分類畫面。

尋找需要的應用程式

如果知道要下載的應用程式名稱或關鍵字時，可以在 **市集功能表** 中將滑鼠指標移至畫面右上角搜尋欄位中輸入關鍵字後，按 Enter 鍵。

建立並登入 Microsoft 帳戶

Microsoft 帳戶 是微軟提供的一項免費網際網路電子郵件收發服務，它提供的服務還包含了 Xbox Live、Windows、OneDrive...等，在使用 **市集** 服務前，註冊一組 **Microsoft 帳戶** 是必要的，如果您尚未申請 Microsoft 帳戶，請依下說明操作，以下是註冊程序的示意圖：(如果已有 Microsoft 帳戶可直接依 P8-8 的說明進行登入)

01 於 **市集功能表** 選按 **帳戶 \ 我的帳戶**，選按 **登入** 鈕。(如果已有其他帳戶登入時，請先按 **變更使用者** 鈕，再按 **註冊 Microsoft 帳戶**，就會開啟網頁模式來讓您建立帳戶，其操作方式與接下來的步驟差異不大。)

02 於下左圖畫面中按 **下一步** 鈕，再按 **建立新帳戶** 申請專屬 Microsoft 帳戶。

03 在 **建立 Microsoft 帳戶** 畫面：輸入姓名後，**電子郵件地址** 欄位中先輸入要取的帳戶名稱，再按一下地址清單鈕選擇想要的位址名稱 (outlook.com 或 hotmail.com)，最後建立密碼並重複輸入第二次後按 **下一步** 鈕。

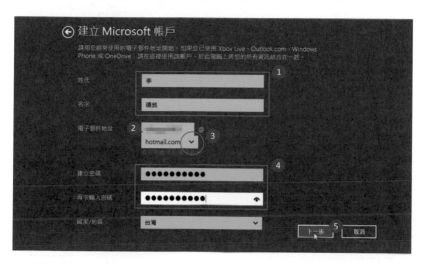

04 在 **新增安全性資訊** 畫面：各欄位中輸入相對的個人資料，**備用電子郵件地址** 欄位輸入您其他的電子郵件位址，再按 **下一步** 鈕。

point

建立 Microsoft 帳戶名稱時，建立密碼時可以掌握一些小技巧，例如：至少有 8 個字元以上，並且包含大寫字母、小寫字母、數字及符號...等，挑選平時常用且並不容易忘記的密碼來做設定。

05 在 **通訊喜好設定** 畫面：中間欄位輸入上方圖片所看到的文字，確認核選下面二項說明後，再按 **下一步** 鈕。

06 接著要做驗證動作，取得驗證碼的方式有二種，手機簡訊或是電子郵件，在這裡使用接收電子郵件方式，於 **您想要如何取得此驗證碼？** 欄位中選按 **寄送電子郵件至...**，再於下方欄位輸入要寄送的位址，按 **下一步** 鈕。

07 於剛剛輸入的電子郵件箱中接收驗證碼信件,並在 **輸入您收到的驗證** 畫面欄位中輸入驗證碼,驗證完成後連續按二次 **下一步** 鈕即可。

08 最後選按 **切換** 鈕即完成註冊動作,會回到 市集 **我的帳戶** 畫面,並自動在本機中登入 Microsoft 帳戶。

直接登入 Microsoft 帳戶

市集 中要下載應用程式，必須先以 Microsoft 帳戶登入，方可將應用程式載回至本機並安裝。如果您早已有 Microsoft 帳戶即不需前面說明的建立與註冊，請依如下操作，直接登入即可。

01 於 **市集功能表** 選按 **帳戶 \ 我的帳戶**，接著在 **我的帳戶** 畫面按一下 **登入** 鈕。

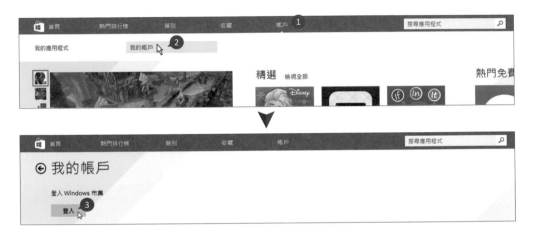

02 確認切換至電腦上的 Microsoft 帳戶，按 **下一步** 鈕，接著輸入您 Microsoft 的帳號與密碼，按 **下一步** 鈕。

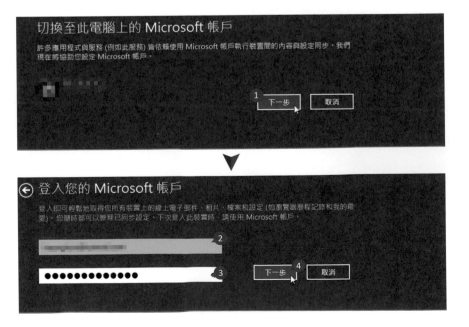

03 於驗證電子郵件欄位中輸入您的電子郵件，按 **下一步** 鈕，接著切換至 **郵件** 應用程式或瀏覽器接收新信件，收取後記住信件中的 **安全代碼** 數字。

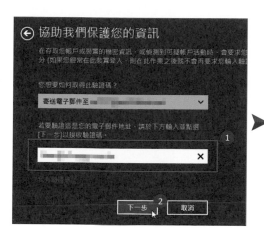

04 切換回 **市集** 畫面，於欄位中輸入剛剛的安全代碼，按 **下一步** 鈕，完成後再依序按 **下一步** 鈕及 **切換** 鈕即可完成登入動作。

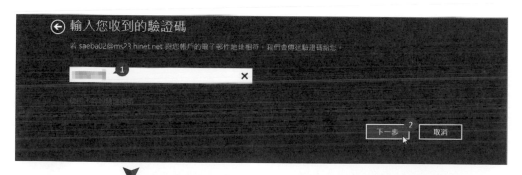

在市集中找到更多的應用程式

市集中，預設可找到的應用程式目前只限於台灣市場，如果希望將範圍加大不受地域或國家限制，可找到更多的應用程式進行安裝時，請依照如下步驟操作。

01 在 **市集** 首頁中將滑鼠指標移至畫面右上角往下滑，選按 **設定 \ 喜好設定**。

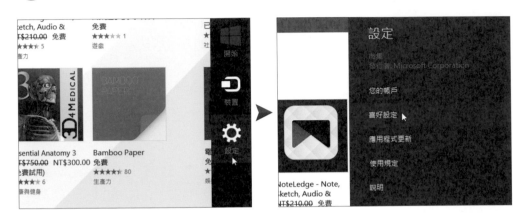

02 在 **喜好設定** 畫面中，於 **只顯示使用您偏好語言的應用程式** 項目的 ▊▊ 上，按一下滑鼠左鍵設定為 **否**。最後於左上角選按 ⊝ 返回 **市集** 首頁，這樣一來不管瀏覽或搜尋應用程式時，都可以有更多選擇。

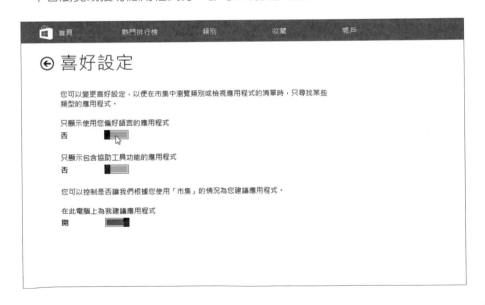

應用程式的下載與安裝

講了這麼多，接下來就試著從 **市集** 中下載一個 App 並安裝囉！

01 於 **市集** 首頁，先隨意選按一款推薦的應用程式縮圖進入介紹畫面，按一下 **安裝** 鈕即會開始下載並安裝。

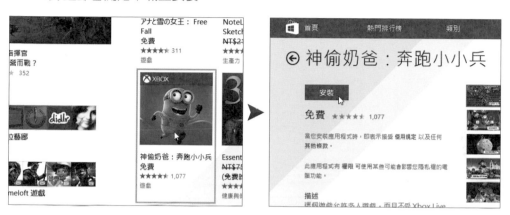

02 畫面右上角會出現 **正在安裝 ...** 等字樣，於上方按一下滑鼠左鍵即會進入安裝進度畫面，安裝完成後按一下畫面右上角出現的通知訊息即可直接執行應用程式。

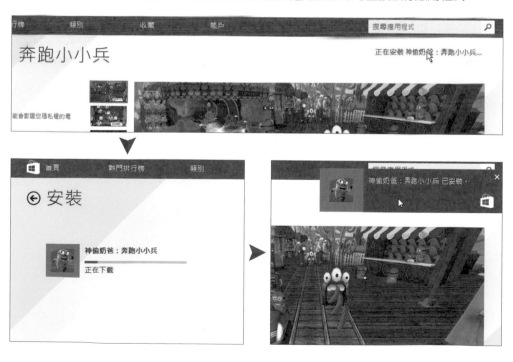

於應用程式介紹畫面拖曳下方滑桿往右,還可以看到更多相關的評分與評論的資料,讓您能更瞭解它的優劣處;另外部分應用程式執行時會出現存取資訊的要求,按 **是** 鈕即可執行。

檢視市集中 "我的應用程式"

在 **市集** 下載安裝某個應用程式後,就算該應用程式已在電腦中解除安裝,依舊能在個人帳戶中找到該筆下載記錄。

於 **市集功能表** 選按 **帳戶 \ 我的應用程式**,接著在畫面中就會根據您清單中的項目列出相關應用程式,可以按一下清單鈕變更想要顯示的項目。

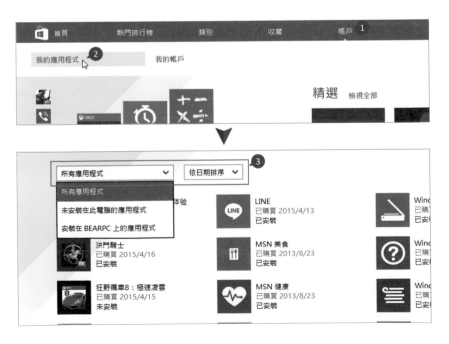

解除安裝應用程式

應用程式在安裝後,除了可以透過不定期的更新動作,讓操作環境或功能變得更好,如果不想使用時,可以移除該程式。

01 進入 **開始** 畫面,選按 🔽 開啟程式集。

02 於要移除的應用程式名稱上按一下滑鼠右鍵,選按 **解除安裝**,最後於出現的對話方塊按 **解除安裝** 鈕,即可將該應用程式移除。

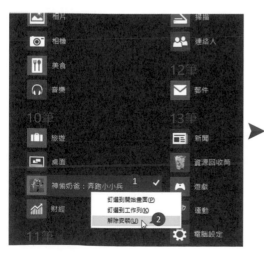

8.2 下載遊戲應用程式並安裝執行

豐富的 Windows 市集中擁有許多有趣的遊戲應用程式，在此以 2048 應用程式為例說明下載與安裝使用的方式。

遊戲程式的下載並安裝

01 首先確認網路為連線狀態，然後返回 **市集** 應用程式，將滑鼠指標移至畫面右上角搜尋欄位按一下滑鼠左鍵，接著於欄位輸入「2048」後，按 Enter 鍵，然後於搜尋結果中，合適的應用程式上按一下滑鼠左鍵進入畫面。

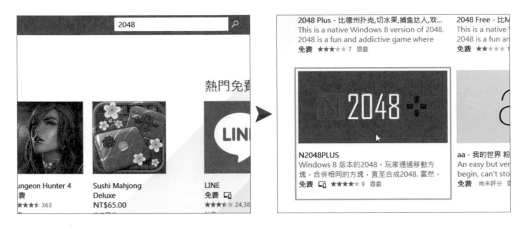

02 大致瀏覽遊戲的介紹後，按 **安裝** 鈕開始安裝動作，等待完成安裝後，於右上角出現的通知訊息按一下滑鼠左鍵即可立即執行遊戲了。

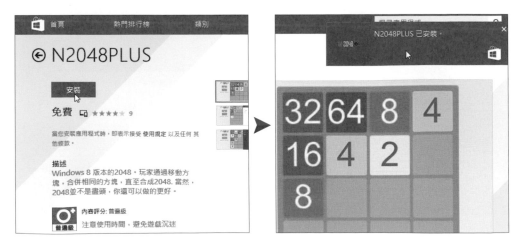

開啟「2048」遊戲

01 如果在安裝好後並沒有直接執行遊戲，之後執行時，只要於 **開始** 畫面下方按一下  進入 **應用程式** 畫面，再按剛剛安裝好的遊戲縮圖即可。

02 進入遊戲後預設畫面就如下方圖片所示，玩法很簡單，4X4 格子裡第一次會出現二個 2，接著每次都會顯示一個數字，可以利用鍵盤上 ↑、↓、←、→ 鍵來操控移動方向，遇到相同數字就會合併相加，待其中一格方塊相加至總數為 2048 即算過關。

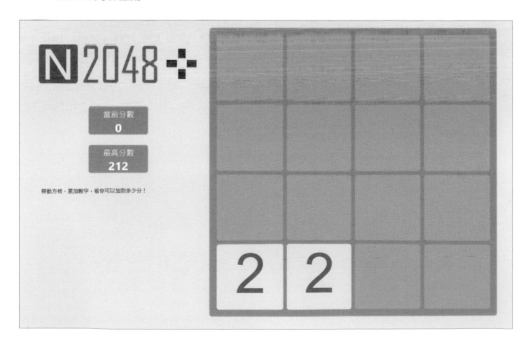

03 一開始遊戲會隨機在 24 宮格擺放二個數字 2，只要選按方向鍵即可合併二個數字相同的數字格，並再隨機出現一個數字方塊。(如範例中按一下 ▶ 鍵後，全部數字格會往右移動，2 與 2 合併成為 4 後左上角位置就出現另一個數字方塊。)

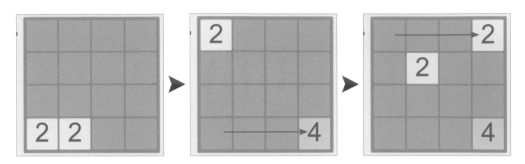

04 依此操作方式，不斷的合併數字方塊直到其中一個方塊為 2048，或是完全無法再合併為止，即會出現遊戲結束的提示並詢問您是否再來一局，按 **是** 鈕即會重新再開一局新的遊戲。

05 發現走錯了或是不想再繼續這一局時，只要於旁邊空白處按一下滑鼠右鍵，在下方工具列選按 **重新開始** 即可。(選按 **後退一步** 則可回復操作，最多可後退 9 步。)

8.3 下載影像特效應用程式並安裝執行

不會專業的美編軟體沒關係,利用市集中的應用程式來為相片添加各式特殊風格。

相片程式的下載並安裝

01 利用 **類別** 項目找尋合適的應用程式,請開啟 **市集** 應用程式,於左上角選按 **首頁 \ 類別 \ 相片**,接著在 **相片** 項目首頁選按 **檢視全部**。

02 本範例選擇安裝 **PicSketch** 應用程式 ,選按 **PicSketch** 縮圖進入畫面後,再按 **安裝** 鈕開始安裝動作,等完成安裝後,於右上角出現的通知訊息按一下滑鼠左鍵即可立即執行該應用程式。

開啟「**PicSketch**」應用程式

01 如果在安裝好後並沒有直接開啟，之後執行時，只要於 **開始** 畫面下方按一下 📥 進入 **應用程式** 畫面，再按剛剛安裝好的遊戲應用程式縮圖。

02 進入畫面後就如下方圖片所示，選按左邊 **Library** 圖示，於 **本機** 挑選要製作特效的相片檔案，核選該相片後，按 **開啟** 鈕。

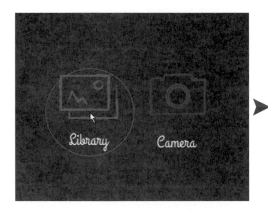
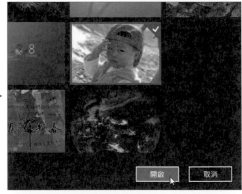

03 第一次使用會出現操作說明的示意圖，按 **OK** 鈕即會進入主畫面。

04 一開始會自動幫相片套用效果，可以再選按右側的 **Effects**、**Special**、**Paper**...等選項來變更效果及色彩，或是利用左側的 **Text** 項目為相片加上文字，而 **Stickers** 項目可以為相片添加一些圖樣特效。

05 首先來變更 **Effects** 效果，先於 **Effects** 上按一下滑鼠左鍵開啟所有內容，接著在 **Gray Sketch** 中選按一款合適的效果，畫面中的相片即會立即套用該效果。(如果特效項目右上有 圖示時，表示該效果需付費購買後才能使用。)

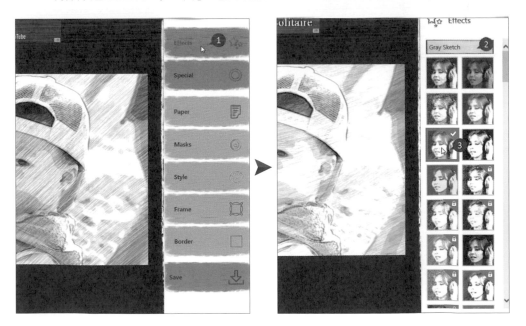

06 於左側 **Adjustments** 中，可以拖曳各項目滑桿來變更預設的效果，例如拖曳 **Lines** 項目可以加強筆畫長度，核選 **Color** 項目可以產生色彩描繪效果，完成最滿意的效果後，於畫面中央空白處按一下滑鼠左鍵即可回到主畫面。

07 如果要替相片加上背景樣式，可以於右側 **Paper** 上按一下滑鼠左鍵開啟所有內容，接著在 **Starter** 中選按一款合適的效果套用，最後一樣於畫面中央空白處按一下滑鼠左鍵回到主畫面。

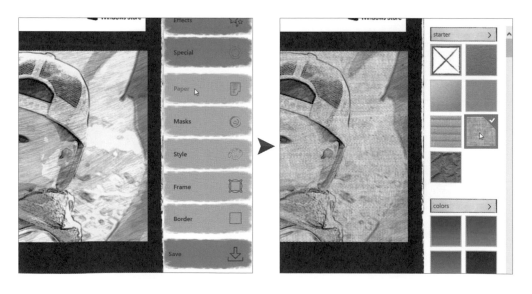

08 完成所有效果套用後，可選按右側下方 **Save** 將相片轉存，設定相片品質 **Low** 或 **Medium** 後，再按 **Save locally** 鈕。

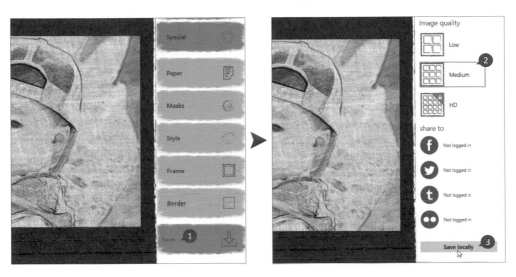

09 最後選擇要存檔的位置 (預設位置為 **本機 / 圖片**)，於下方欄位重新命名檔案名稱後，選擇檔案格式，按 **儲存** 鈕即可。

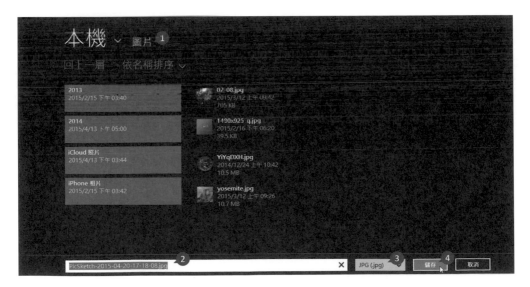

一、是非題

1. ( ) 在下載應用程式時，除了付費的應用程式及遊戲外，其他都不需要登入帳戶。

2. ( ) 如果要查詢已下載過或安裝的應用程式時，只要選按 **帳戶\我的應用程式** 中即可看到清單。

3. ( ) 要解除市集中安裝的應用程式，只要於 **控制台\程式集** 中即可解除安裝。

4. ( ) 每次使用市集下載安裝程式時，都需要登入帳戶並驗證。

5. ( ) 如果知道要下載的應用程式名稱，在搜尋時會更加的快速及方便。

二、選擇題

1. ( ) 下列何者為 Microsoft 帳戶使用的電子郵件地址？(複選)
   A. google.com　　B. outlook.com　　C. hotmail.com

2. ( ) 在 Windwos 8 中，可以選按下列哪一個動態磚來下載及安裝應用程式？
   A. **相片**　　B. **市集**　　C. **音樂**

3. ( ) 以下哪一個不是 **市集** 中可以搜尋的分類？
   A. **熱門排行榜**　　B. **類別**　　C. **群組**

4. ( ) 於 **市集** 的 **設定\喜好設定** 中關閉何者功能，可以讓市集搜尋項目更多？
   A. 只顯示使用偏好語言的應用程式　　B. 在此電腦上為我建議應用程式
   C. 只顯示包含協助工具功能的應用程式

5. ( ) 以下何者不是 **市集** 功能列中的項目？
   A. **熱門排行榜**　　B. **下載**　　C. **帳戶**

三、實作題

請依如下提示完成各項操作。

1. 開啟 **市集** 並輸入「Line」搜尋。

2. 於搜尋結果中選按正確的版本縮圖，進入應用程式介紹畫面，按 **安裝** 鈕完成下載安裝的動作。

9　線上廣播與影音

· 使用 TuneIn Radio 聽各國廣播
· 最熱門的 Spotify 線上音樂台
· 聲光娛樂一步到位的 YouTube

9.1 使用 TuneIn Radio 聽各國廣播

廣播電台可以提供廣泛資訊，可了解時事、天氣、也可利用收聽廣播電台學習語言，全方位服務提供大家即時又迅速的資訊。

收聽網路廣播的首選

TuneIn Radio 是一種嶄新的收聽方式，可從您所處的地方即時收聽當地或全球電台，無論想聽音樂、體育、新聞還是時事，完全都沒問題。

01 進入 **開始** 畫面，選按 ⊞ **市集** 磚開啟 市集 畫面。

02 在 **市集** 首頁右上角搜尋欄位輸入「tunein radio」，接著於出現的清單中選按該應用程式名稱，進入頁面後按一下 **安裝** 鈕開始進行下載安裝。

03 於畫面右上角會看到正在下載及安裝的訊息,當完成安裝後,即會顯示 **TuneIn Radio 已安裝** 訊息。

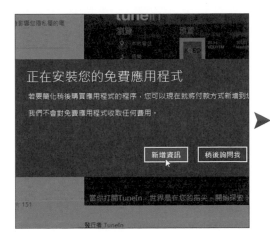

04 開啟 TuneIn Radio 進入主畫面會如圖所示,接下來就可以開始收聽廣播了。

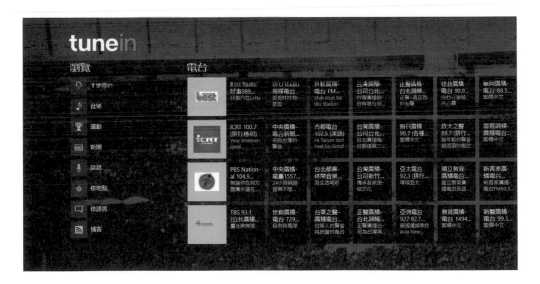

point

在 **市集** 中,若已先登入 Microsoft 帳戶,就可以直接下載與安裝市集內的應用程式,過程中無需輸入帳號及密碼。但如果尚未登入 Microsoft 帳戶,請參考第八章的操作說明完成登入。

開啟 TuneIn Radio 收聽廣播電台

如果在之前操作未開啟 TuneIn Radio，或是日後想再收聽電台時，可以照著以下步驟操作：

01 進入 **開始** 畫面，選按 🔽 開啟 **應用程式** 畫面。

02 於 **應用程式** 畫面選按 ✛ **TuneIn Radio** 磚開啟應用程式，在 **tunein** 主畫面左側選按想收聽的類別，或是直接選按畫面中熱門電台推薦，在此選按 **ICRT** 電台進行收聽。

03 接著就會開始播放即時的廣播，只要網路速度不延遲，都可以收聽到非常流暢的電台節目。想結束收聽電台時，只要選按 ⬛ 即可停止播放。

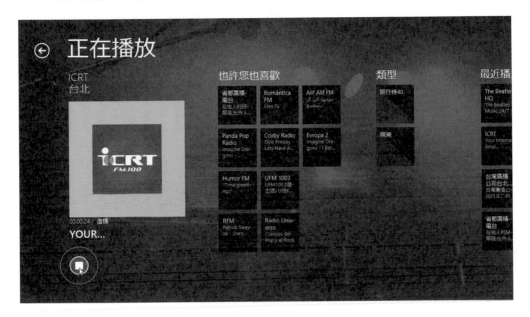

point

由於線上廣播電台是利用網路傳輸方式收聽，流暢度取決於網路速度，如果所選擇收聽的電台一直處於 **正在連接...** 中，有可能是該電台的網路發生問題，或是太多人收聽導致電台伺服器無法負荷目前的狀態，可以選擇收聽其他電台或是靜待離峰時段再開始收聽該節目。

9.2 最熱門的 Spotify 線上音樂台

聽音樂一定要用 CD 音響嗎？現在有了電腦及網路後，再也不用這麼麻煩，最新國、台語專輯，熱門日韓劇主題曲、心靈音樂，最新流行排行榜...等，通通都有！

下載安裝 Spotify

Spotify 是一個提供免費線上音樂的平台，擁有上千萬首正版流行歌曲，全球用戶總數超過 2000 萬人，只要下載並安裝好軟體，即可立即享受這項服務。

01 進入 **桌面** 環境，開啟瀏覽器並在網址列輸入「https://www.spotify.com/tw/」，按 `Enter` 鍵即可連結至 Spotify 首頁，接著於右上角按 **下載** 鈕。

02 下載前需先簡單做個註冊動作，可選擇直接以 Facebook 帳戶註冊或一一輸入資料進行註冊，在此示範以 Facebook 帳戶的方式：於頁面按一下 **以 Facebook 帳戶註冊** 鈕，如果尚未登入 Facebook 時，需要先做登入動作，輸入 **電子郵件** 及 **密碼** 後，按 **登入** 鈕。

03 登入後按 **確定** 鈕，同意 Spotify 取得您的個人資訊，接著於自動發表貼文中選按 **現在還不要** 鈕。

04 接著就會開始下載檔案，完成後於瀏覽器左下角下載完成的檔案上，按一下滑鼠左鍵執行安裝，安裝完成即會自動開啟 Spotify 主畫面。(若開啟後又要求登入帳戶，請依畫面提示操作)

啟動 Spotify 程式及介面簡介

安裝完成後即自動開啟 Spotify 程式，或者可在 **桌面** 連按二下  圖示開啟程式，就可以開始享受高級的影音服務。

開啟 Spotify 後，於想聆聽的音樂專輯縮圖上按一下滑鼠左鍵即會開始播放。

功能表　　　　　　　　　　　　　　　　　　　　　　　　帳號及設定功能。

主要頻道、儲存的歌曲　　播放控制面板　　　主畫面　　　　　　　　　好友動態消息
及本機音樂、播放清單

擁有自己的音樂歌單

當在 Spotify 聽到喜愛的音樂時，可以將它儲存在 **你的音樂** 清單，讓您可以隨時聆聽。

01 於 Spotify 主畫面選按 **排行榜**，在 **精選排行榜** 中選按想聽的熱門精選音樂縮圖。

02 選按 **播放** 鈕即會開始播放此排行榜清單中的歌曲，如果聽到喜愛的歌曲時，於歌曲名稱前選按一下 ⊞，即可將此歌曲儲存至 **你的音樂** 清單中。

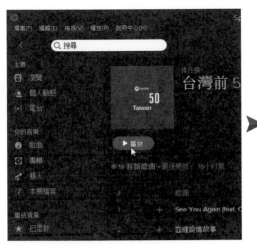 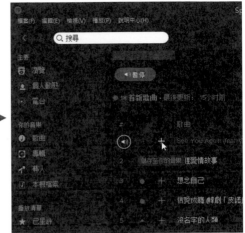

03 完成儲存的歌曲會呈 ☑ 圖示表示已成功，於左側欄選按 **你的音樂 \ 歌曲** 中即可看到您所儲存的所有歌單，將滑鼠指標移至歌曲前出現 ▶ 圖示，按一下滑鼠左鍵即可播放。

point

你的音樂 裡，所儲存的歌詞會依照 **歌曲、專輯、藝人** 來分類，可以依這些條件選擇歌曲；而 **本機檔案** 內可看到存放在 Spotify 指定資料夾中的音樂檔 (預設為本機的 **音樂** 資料夾)。

建立並分享播放清單

除了使用播放清單來收藏想聽的歌曲外，還可以發佈在 Spotify 上讓其他網友一同收聽與您相同的曲目。

01 於左側欄選按 ➕ **新增播放清單**，**播放清單** 項目中即會出現新的清單，輸入要取的名稱後，按 Enter 鍵即可。

02 左上角搜尋欄位輸入要找尋的關鍵字，並在 **顯示所有結果** 清單選按正確項目，主畫面中就會列出所有相關的歌曲，接著於要收藏至播放清單的歌曲上按一下滑鼠右鍵，選按 **新增至播放清單 \ (**已建立的清單名稱)。

03 依相同操作方式將喜愛的歌曲加入播放清單裡，完成後於左側欄選按播放清單名稱，即可在主畫面看到所有歌曲，按播放鍵即可開始收聽。

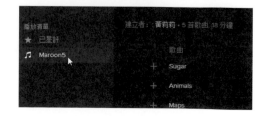

9.3 聲光娛樂一步到位的 YouTube

YouTube 是設立在美國的一個影片分享網站,讓使用者上傳、觀看及分享影片或短片,舉凡 MTV 或是伴唱 KTV 影片,甚至是電影片段或是預告片...等,幾乎在 YouTube 上都找的到!

連結到 YouTube 網站

YouTube 原本只是朋友間互相分享影片的網路資源,後來演變成為全世界最大的影片資源站台。

進入 **桌面** 環境,開啟瀏覽器,於網址列中輸入「http://www.youtube.com」,按 Enter 鍵連結到 YouTube 首頁。(首次使用時會於畫面上方出現語言與地區選項,預設會依所在地切換當地語言。)

開始搜尋影片並觀賞

01 YouTube 首頁上方搜尋欄位裡輸入「Maroon 5」,可於關鍵字清單選擇想要的結果,或是直接按 Enter 鍵。

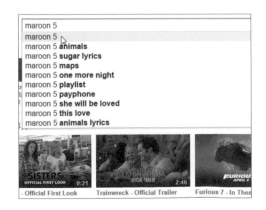

02 完成搜尋後，就會出現跟「Maroon 5」有關的影片，在想收看的影片縮圖上按一下滑鼠左鍵。

03 進入播放畫面後，即可開始欣賞影片了，並可藉由控制面板上的按鈕來縮放或是全螢幕觀賞，也可調整影片的音量。

播放 / 暫停　　　　　　　　　　全螢幕

音量　播放時間 / 播放長度　　解晰度選擇　展開、縮小　　　　其他相關影片

04 預設是以較小的畫面來播放，按 ▣ **劇院模式** 鈕可以展開成較大畫面觀看，再按一次 ▣ **預設檢視模式** 鈕則會縮小回原尺寸。

05 如要使用全螢幕觀賞影片時，按 ▣ **全螢幕** 鈕即可展開全螢幕模式；如要退出全螢幕時，按 Esc 鍵或是右下角 ▣ **結束全螢幕** 鈕即可。

與朋友分享喜歡的影片

想與朋友分享喜愛的影片時，可利用 YouTube 的分享功能，輕鬆分享最愛的影片。

01 於控制面板下方選按 **< 分享** 鈕，接著會出現一排社群圖示，於 **分享** 標籤下選按想要分享的社群圖示 (本範例示範分享於 Facebook)，再於出現的對話方塊輸入留言後，按 **發佈到 Facebook** 鈕，這樣即可將這則影片分享到您的社群。

02 也可以複製影片連結，以傳訊息的方式分享給朋友。首先選取 **分享** 欄位中的連結網址，於上方按一下滑鼠右鍵選按 **複製**，接著開啟傳訊息的軟體 (Mail、Line、Skype...等)並貼上連結網址，這樣即可傳送給朋友。

---

point

有時候只是想分享影片當中的某個時間點時，先將影片播放到該時間點，按 ❚❚ **暫停** 鈕，選按 **分享** 鈕後，於連結網址下方核選 **開始時間：(時間點)**，分享完成後，當朋友在觀看時，即會從您所選擇的時間點開始觀看影片。

把喜歡的影片加入播放清單

在 YouTube 看到喜歡的影片時,想要一再回味嗎?只要將影片加到播放清單並分門別類,就能隨時觀看這些影片。

01 建立新播放清單前,必須先登入 Google 帳戶後才能使用這項操作,首先於影片播放畫面選按下方 **新增至 \ 登入** 鈕,完成帳號與密碼輸入後,按 **登入** 鈕。

02 回到影片播放畫面再選按下方 **新增至**,清單中選按 **建立新的播放清單**,接著輸入新播放清單名稱並設定隱私權狀態,再按 **建立** 鈕。

03 往後如果要於清單中加入相同性質影片時,只要選按 **新增至** 後,再選按播放清單名稱即可。當想觀看此播放清單中的影片時,只要按畫面左上角的 ≡· 鈕,選按 **播放清單** 中想觀看的清單名稱即可。

看外國影片自動幫你加上中文字幕

想要線上觀看喜愛產品的發表會，卻完全聽不懂，一整個就是鴨子聽雷！沒關係，YouTube 貼心的準備了字幕翻譯功能，讓您瞭解外文影片內容。

01 於影片播放畫面 (此例示範 http://goo.gl/1KePpB)，按一下控制列 ▭ **字幕** 鈕，影片馬上出現預設的字幕，如果要翻譯字幕，可按一下控制列 ⚙ **設定** 鈕，選按 **字幕** 清單鈕**翻譯字幕**。

02 在清單中選按想翻譯的語言，設定完成後按 **確定** 鈕，原先影片中的英文字幕即可變更為您所指定的語言了。

point

在 ⚙ **設定** 鈕的 **字幕** 清單中如果選按 **英文 (自動產生的字幕)**，則 YouTube 會自動聽取影片中的語音去辨識，然後產生字幕。並非所有影片皆有字幕或是支援語音辨識功能，如果控制列上沒有 ▭ 鈕，表示該影片不提供字幕服務功能。

延伸練習

一、是非題

1. (　　) TuneIn Radio 在安裝後，不必再付任何費用即可收聽全球的廣播台。

2. (　　) 線上廣播電台是透過網路傳輸方式收聽，所以流暢度取決於網路速度。

3. (　　) Spotify 上的音樂大都是網友自行上傳，所以盜版問題層出不窮。

4. (　　) 收聽 Spotify 音樂時，可以將常聽的歌曲收藏至播放清單中。

5. (　　) 在 Spotify 中，除了可以建立自己的播放清單，也可以搜尋其他人建立的播放清單來收聽。

6. (　　) YouTube 是一個只提供線上音樂的多媒體平台。

7. (　　) 在 YouTube 中，可以利用搜尋關鍵字找到您想看的影片。

8. (　　) 觀看 YouTube 影片時，僅提供 **預設檢視模式** 及 **全螢幕** 二種模式播放。

9. (　　) 要將 YouTube 影片分享給社群上的朋友收看，可以選按 **分享\嵌入** 功能。

10. (　　) 觀看外國影片時，YouTube 貼心準備字幕翻譯功能，幫助您看懂影片內容。

二、選擇題

1. (　　) 在第一節提到的免費線上收聽廣播的應用程式，正式名稱為以下何者？
   A. Redio　　B. tunein radio　　C. 應用程式 Radio

2. (　　) 使用 Spotify 前，必須先註冊會員才能使用，除了使用電子郵件註冊外，還可以使用哪一個社群帳戶？
   A. Facebook　　B. twitter　　C. linkedin

3. (　　) Spotify 軟體 **你的音樂** 項目中，哪一項屬於存在您電腦中的音樂檔案？
   A. 歌曲　　B. 藝人　　C. 本機檔案

4. (　　) 在 YouTube 播放影片時，選按下列何項圖示可以全螢幕觀看？
   A. ⚙　　B. ▭　　C. ⛶

5. (　　) 如果要把喜歡的影片收藏至 YouTube 的播放清單時，可以選按下列何項功能？
   A. **新增至**　　B. **分享**　　C. **更多**

三、實作題

請依如下提示完成各項操作。

1. 於 Spotify **播放清單** 項目中建立一個「精選」的播放清單。

2. 搜尋 5 首喜愛的流行曲目，並將這些歌曲加入至 Spotify 的「精選」清單中。

3. 於 YouTube 先搜尋出一部喜愛的 MTV 影片，再於其播放畫面下方選按 **新增至 \ 建立新的播放清單**，建立「精選 MTV」清單。

4. 搜尋 5 部喜愛的 MTV 影片，並將它們加入剛剛新增的「精選 MTV」播放清單之中。

10 多元化的網路媒體

· 用 Skype 跟好友線上聊天
· 用 Facebook (臉書) 記錄生活
· 用 Google 地圖旅遊規劃與路線導航

10.1 用 Skype 跟好友線上聊天

Skype 是全世界很多人使用的網路電話，在近幾年通話品質已經相當成熟，不論朋友是在國內或國外，只要雙方的網路品質都不錯時，就可以透過網路攝影機與麥克風免費視訊，大大節省電話費。

下載並安裝 Skype 軟體

雖然 Windows 8.1 已隨附 Skype，然而許多使用者仍習慣 Windows 桌面版的 Skype，其實不論是 Windos 8.1 版的 Skype 還是桌面版的，其操作方式均大同小異。在此以 Windows 桌面版 Skype 示範說明：

01 於 **桌面** 環境，開啟瀏覽器並在網址列輸入「http://skype.pchome.com.tw/」(在此以 Chrome 瀏覽器進行示範)，按 Enter 鍵即可連結至 Skype 首頁，接著於右上角按 **免費下載 Skype** 鈕。

02 選擇 **Windows** 版本，再於下方按 **免費下載 Skype** 鈕即可。

03 於 **下載** 列按一下剛剛下載的檔案即可進行安裝。

04 於 **使用者帳戶控制** 畫面上按 **是** 鈕即開始進行安裝,依照步驟順序完成安裝流程,最後選按 **離開** 鈕即完成。

 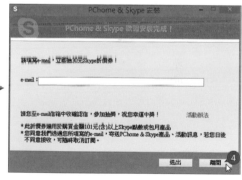

正確完成安裝後,軟體即會自動執行並開啟登入帳號畫面。

註冊並登入 Skype 帳戶

完成安裝後，接下來需註冊一個新的 Skype 帳戶並完成登入動作，才可以使用 Skype 與親友們聯繫。(也可以使用前面申請的 Microsoft 帳戶登入，但您若是首次使用 Skype 的使用者，建議使用 Skype 帳戶登入，穩定性較高。)

01 於登入畫面下選按 **建立新帳戶**，就會開啟瀏覽器連結至 **建立帳戶或登入** 頁面，填入所需要的相關資料後，按 **我同意，繼續** 鈕即完成註冊。

02 於登入畫面選按 **Skype 帳號**，輸入剛剛註冊完成的 **Skype 帳號** 及 **密碼**，按 **登入** 鈕。

03 接著要開始設定 Skype，按 **繼續** 鈕，首先檢查音效與視訊裝置，分別於 **揚聲器**、**麥克風**、**視訊**... 等裝置測試是否正常，確認好後按 **繼續** 鈕。

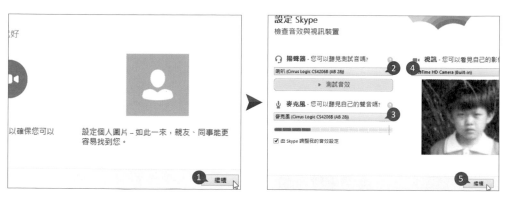

04 再來是設定一張個人檔案圖片，先按 **繼續** 鈕進入拍照模式，看著網路攝影機鏡頭，並按 **照一張相片** 鈕拍照。(如果電腦本身已有圖片時，可選按 **瀏覽** 鈕開啟圖片即可。)

05 最後微調圖片的大小及位置 (可利用下方滑桿拖曳放大或縮小相片)，按 **使用這張圖片** 鈕，再按 **開始使用 Skype** 鈕即完成。

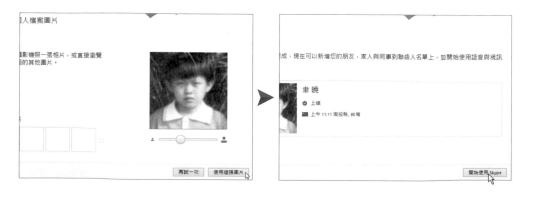

新增 Skype 連絡人

安裝並登入完成後，就可以準備與好朋友線上即時聊天，首先要加入好朋友的 Skype 帳戶才能與他們聯繫。

01 於左側搜尋欄位文字上按一下滑鼠左鍵，輸入要找尋的好友名稱，按 **搜尋 Skype** 鈕。

02 出現的搜尋結果中，在好友的名字縮圖上按一下滑鼠左鍵，再於右側對話窗格中按 **新增到聯絡人** 鈕，輸入授權請求文字後，按 **傳送** 鈕，等好友上線並確認邀請後，好友的縮圖右下角圖示由 ⑦ 變成 ✓ 就算邀請成功。

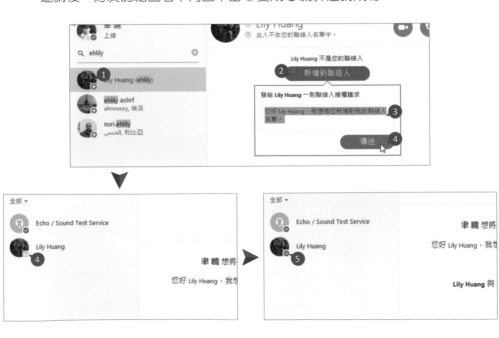

線上文字聊天並分享照片

只要朋友與您同時在線上，就可以馬上以傳送訊息的方式聊天，若想與朋友分享旅遊照片，也可以傳送給對方欣賞。

01 於 Skype 首頁，待朋友回覆您的邀請並上線時 (圖像上有 ✅ 綠色圓點) 選按好友縮圖，於右側窗格下方欄位可輸入想傳遞的訊息，輸入完後按 Enter 鍵傳送。

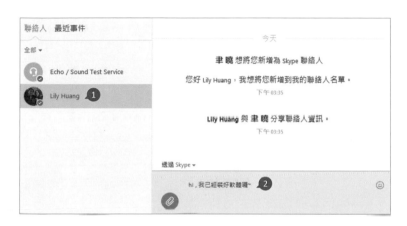

02 如要傳送照片給朋友，先選按 🔗 \ **照片**，接著選擇想傳送的檔案，再按 **開啟** 鈕，即可開始傳送給朋友。(朋友那邊只要選按相片縮圖即可下載並瀏覽)

免費撥打電話與視訊聊天

透過 Skype 可免費通話，一起來看看如何與已上線的聯絡人通話或視訊聊天。 (電腦需內建或安裝麥克風、網路攝影機或喇叭)

01 一般通話時請選按 📞 **通話** 鈕，待朋友接通後即可開始交談，如要結束通話時，只要選按下方 📞 **結束通話** 鈕。

 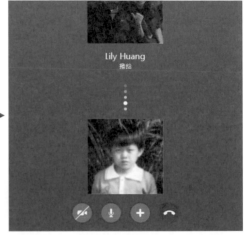

02 如果想與朋友通話又能即時看到對方影像，請選按 📹 **視訊通話**，接通後即可於視窗看到朋友影像；結束通話一樣只要選按下方 📞 **結束通話** 鈕即可。

10.2 用 Facebook (臉書) 記錄生活

Facebook 是目前網路世界最熱門的社群網站,它將全世界的網友齊聚在一起,可以從 Facebook 認識新朋友或是找到老朋友。

認識 Facebook

Facebook 是一個社群網路服務網站,擁有超過十億以上的全球使用者,可以建立個人專頁,與其他用戶作為朋友並交換資訊;此外,用戶可以加入各種群組,如:工作場所、學校、社團或其他活動,其中 Facebook 較重要的功能為:

動態消息與個人動態時報:就是使用者畫面上的留言板,個人動態時報上的動態消息內容會被同步到朋友們的首頁上,因此只要在自己的動態時報上發表一些心情留言或相片,都可以同步與好友分享。

常用功能與應用程式書籤:把 **粉絲專頁、社團**...等標籤類別整理在此區域中,而 **應用程式** 區則為一些常用的應用程式書籤。

動態消息與個人動態時報　　　　個人專頁選項列　　通知列

常用功能與應用程式書籤　　　　　　　　　　　隨機推薦功能及廣告

免費註冊 Facebook

要加入「臉書」很簡單，只要擁有一個 E-mail 帳號就可以申請 (Google 帳戶、Microsoft 帳戶、Yahoo 帳戶...)，完全是免費註冊，輸入一些基本的資料即完成註冊動作。

01 開啟瀏覽器後，於網址列中輸入「http://www.facebook.com」(在此以 Google 帳戶示範)，按 Enter 鍵即可連結至 Facebook 首頁。

02 在右方欄位中輸入姓氏、名字、電子郵件、密碼...等相關資訊，接著按 **註冊** 鈕完成帳戶的註冊。

如果已申請 Facebook 帳號，可於首頁右上角輸入 **電子郵件、密碼** 後，按 **登入** 鈕即可登入您的帳號；如果需要登出時，於右上角按 ▇ 清單鈕 \ **登出** 後就可離開 Facebook。

完成驗證動作

註冊後，接著會有一些帳戶驗證的動作，請跟著步驟進行：

01 首先要確認信箱，選按 **請前往你的電郵信箱** 鈕，會連結至您的電子信箱，收件完成後，於信件按一下 **確認你的帳號** 鈕。

02 回到 Facebook 頁面並開始驗證個人身份，首先輸入驗證的文字按 **繼續** 鈕。

03 再按 **輸入手機號碼** 鈕並輸入您的手機號碼，待收到驗證簡訊後，輸入驗證數字按 **確認** 鈕，最後再設定接收簡訊及分享電話的隱私權，按 **儲存設定** 鈕就算完成。

快速完成登錄動作

完成註冊後，會有簡單快速的登錄前準備，請跟著步驟進行。

01 會看到 Facebook 自動搜尋到的建議名單，於名單右側按一下 **加朋友** 鈕即會送出邀請 (這個動作可省略)，接著按 **下一頁** 鈕。

02 由於是新帳號尚未建立通訊錄，可以先按 **略過這一步** 鈕，在出現對話方塊再按 **略過** 鈕。接著會進入 Facebook 的歡迎畫面，就完成正式登錄的動作，接下來可開始使用您的 Facebook 社群網站了。

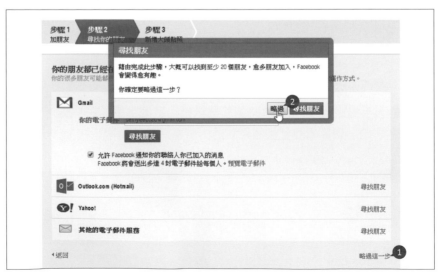

由於 **Facebook** 改版頻率密集，如果在畫面上方看到要求您完成信箱註冊程序或其他相關要求，請依訊息指示完成動作即可。

開始呼朋引伴加入臉書

有了 Facebook 帳號後，就可以開始建立專屬於您的社群，接下來將親朋好友們通通加進來吧！這樣一來朋友們有什麼分享與心情留言，您均可收到通知並瀏覽內容。

01 首次進入 Facebook 首頁，可先於左側欄位選按 **尋找朋友**，接著在上方搜尋欄位按一下滑鼠左鍵，輸入朋友在 Facebook 上的名稱，接著會顯示相同名稱的人員名單，如果人員名單很多時，可依照對方的大頭貼分辨哪位是您的朋友，然後進行選按。(或者可以按 **查看更多有關「XXXX」的結果** 搜尋到更多名單)

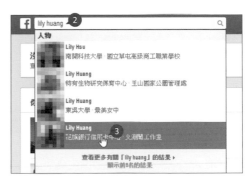

02 選按朋友後就會進入該位朋友的個人專屬畫面，在畫面上按 **加朋友** 鈕，接下來就等朋友回覆即可。

若想加入其他朋友，可於右側 **你可能認識的朋友** 項目中選按 **顯示全部**，會出現一些朋友建議名單，這些名單是來自於您朋友名單中的朋友，可以依所建議的名單加入已認識或是想認識的朋友。

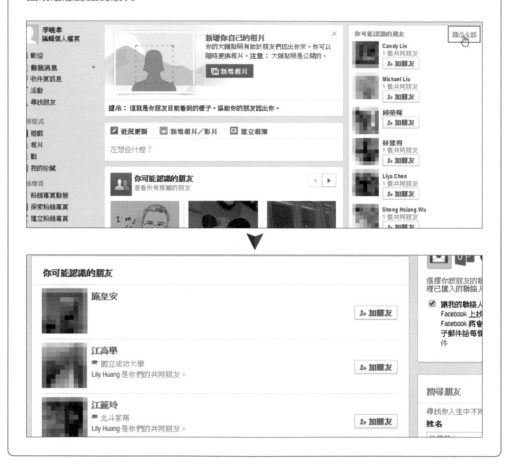

Facebook 的即時通知

在 Facebook 右上角訊息列有三個圖示，由左邊開始分別是：**朋友邀請通知**、**訊息通知** 及 **動態消息通知**，只要有新的訊息進來就會以紅底白色數字顯示通知，如此一來您就能很清楚的得知有新消息了。

朋友邀請   訊息   動態消息

新朋友的邀請通知

如果朋友邀請的通知出現了，表示有新朋友想要認識您，這時選按 **朋友邀請通知**，在清單中確認是否為所認識的朋友，沒問題的話只要按 **確認** 鈕即可加入成為朋友。

訊息的通知與回覆

Facebook 的訊息功能，朋友可以利用訊息方式與您保持聯絡，只要收到此通知時，選按該圖示就可以回信給朋友。

01 選按 ■■ **訊息通知**，在訊息清單中可先預覽最後一筆訊息內容，接著再選按要更進一步瀏覽與回覆的訊息。

02 這時畫面下方會開啟該朋友的 **收件匣**，可以看到完整的訊息內容，只要在下方欄位輸入要回覆的訊息，完成後按 Enter 鍵即可回覆給朋友了，等朋友看過後即會在下方顯示 **已看過** 的文字。

point

於 Facebook 主畫面左側欄位選按 **收件匣訊息**，即可開啟 **收件匣** 畫面，在此即可查閱更多的接收或已傳送的訊息。

動態消息通知

不管是朋友回應您的動態時報貼文，或是寄送邀請一同使用 Facebook 應用程式...等，這些都歸類在動態消息的通知裡。

01 出現新通知時，選按 **動態消息通知**，在通知清單中選按想瀏覽的訊息內容。

02 接著就會連結到該動態消息通知的畫面，可以看到朋友們目前的動態、留下了什麼話給您....等，不用怕錯過朋友間的交流。

如果動態消息通知是圖片的屬性，則會直接開啟該圖片的觀看模式，您可以在右側 **留言** 中輸入想說的話。

隨時更新您的生活近況

Facebook 個人的動態時報裡可以隨時輸入一些生活動態，讓朋友知道您的近況，也可跟朋友們談天說地的討論時事。

01 選按 **個人檔案** 名稱，在中間動態時報畫面中選按 **近況**，再於其輸入欄中按一下滑鼠左鍵，就可以開始輸入想說的話，完成後按 **發佈** 鈕即可。

02 留言完成後，除了在動態時報可以看到這則消息外，於動態消息畫面也會顯示，同一時間您的朋友們也會看到這則動態消息。

回覆留言或是給個「讚」！

01 朋友看到了您的近況消息後可留言給您，如果覺得贊同朋友的留言，可以在下方選按 **讚** 字表示支持。

02 也可以在下方留言欄位中按一下滑鼠左鍵，輸入您想回應的話，再按 Enter 鍵，這就是在臉書上與朋友互動的方法。

新增相片

在臉書裡要新增相片是很簡單的事，只要先把相片準備好，就能快速完成新增相片的動作。

01 選按 **個人檔案** 名稱回到動態時報，在畫面中選按 **相片/影片**，接著出現二個選項後選按 **上傳相片/影片**。

02 在電腦存放相片的路徑中選取要上傳的相片檔案，再選按 **開啟** 鈕。

03 在訊息欄位裡輸入相片的說明，等相片上傳完成後，再來增加心情狀態顯示，選按 **加入你在做的事或感受** 圖示。

選按 **感受**，再於清單中選按合適的表情符號，就會在留言後方看到心情狀態圖示與文字，最後按 **發佈** 鈕即完成新增相片與文字的動作。

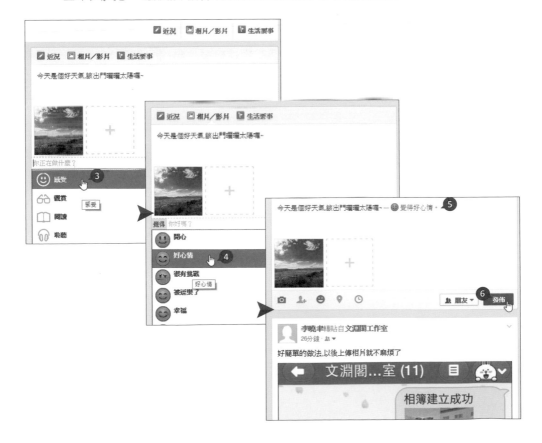

在臉書建立相簿

剛剛是新增單張相片的操作方式，如果想要分類整理大量同一主題的相片，那就要建立一本相簿來存放。

01 選按 **個人檔案** 名稱回到動態時報，在畫面中選按 **相片/影片**，出現二個選項後選按 **建立相簿**。

02 在電腦存放相片的路徑中，按住 Ctrl 或 Shift 鍵，一一選按要上傳的相片檔案，再選按 **開啟** 鈕就會開始上傳所有相片。

03 輸入相簿名稱與說明。

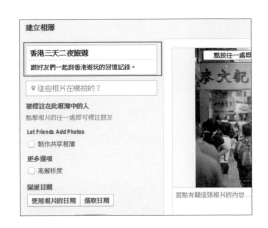

04 核選 **高解析度**，會上傳品質較佳的相片圖檔。(高解析度圖檔的規格為長邊不超過 2048 像素品質，核選後再上傳的相片即會自動以高解析度上傳。)

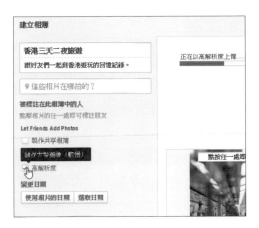

05 完成所有輸入與設定後，選按 **貼文** 鈕就可以看到建立好的相簿了，也會同步於動態時報出現相簿分享訊息。

在相片上標註朋友

若相簿新增的相片有好友頭像時，可於相片上新增標籤標註好友，一張相片內最多可標註 50 個人。

在瀏覽的相片時，將手指形狀的指標移到欲標註的朋友臉上，這時會出現一個方框，並於下方出現 **輸入名字** 欄位，當輸入部分的中英文名時，即會出現相關人員清單，這時選按確定要標註的人名即可。

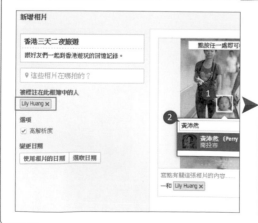

point

在新增相片時即可同時標註在該相片中的人：如果相片中的人物頭像夠清楚明顯，Facebook 會自動辨識並標記名字，如要新增其他好友名稱時，於相片上出現的方框上按一下滑鼠左鍵，在欄位中輸入名稱後按 Enter 鍵即會標記完成。

替換您的大頭貼相片

既然 Facebook 通稱為「臉書」，當然要放上自己的大頭貼，現在就教您如何建立或更換大頭貼相片。

01 於右上角選按 **個人檔案** 名稱，在個人專頁將滑鼠指標移至大頭貼照上方選按 **加相片**。

02 選按 **＋上傳相片**，選擇您要上傳的相片檔案，再選按 **開啟** 鈕。

03 接著於 **裁切相片** 畫面下方拖曳滑桿將相片縮放至合適的大小。

04 拖曳白框裡的相片至合適位置，最後選按 **裁切並儲存** 鈕，完成後回到您個人檔案畫面中就可看到上傳好的大頭貼照，當其他朋友想加您為好友時，就可以從大頭貼判斷確認。

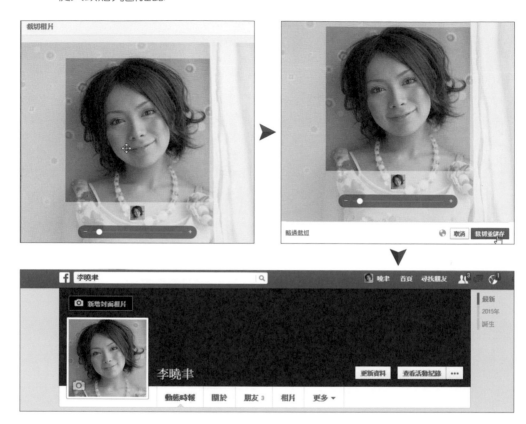

05 如果想替換大頭貼照時，只要將滑鼠指標移至大頭貼照上方，選按 **更新大頭貼照**，在出現的清單中可選擇 **拍張照** 或 **上傳相片** 來進行替換的動作。

10.3 用 Google 地圖旅遊規劃與路線導航

自從有了 Google 地圖後,出門遊玩再也不用擔心迷路的問題,利用它做好旅遊規劃,不用出門也像是到了現場勘景,是一個集旅遊資訊與語音導航於一身的應用程式。

開啟 Google 地圖並完成定位

第一次使用 Google 地圖前得先做好定位動作,才能準確規劃路線或了解在地服務。

01 開啟瀏覽器連結至 Google 首頁:「https://www.google.com.tw」(在此以 Chrome 瀏覽器進行示範),確認已登入 Google 帳號後,選按 Google 功能表 **地圖**。(若找不到可按 **更多** 進行找尋)

02 於地圖右下角先選按 ● 圖示,再按網址列下方 **允許** 鈕,同意讓電腦取得位置資訊,即可完成定位。(如定位失敗請檢查是否有連接上網際網路)

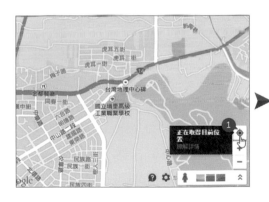

用關鍵字找景點好簡單

看到新聞或是旅遊節目介紹了好吃好玩的地方，只要使用關鍵字在 Google 地圖上查詢，馬上就能得知位置在哪裡！

01 於 Google 地圖左上角搜尋列中輸入想搜尋的關鍵字，按 `Enter` 鍵 (或是於下方智慧搜尋結果中選按正確的位置)，即可立刻定位該地點。(如果搜尋結果還有其他相關項目時，再選按最合適的即可。)

02 找到景點後，會在清單下方新增更多相關資訊，其中包含 **搜尋附近地區、規劃路線、街景服務**...等其他服務。

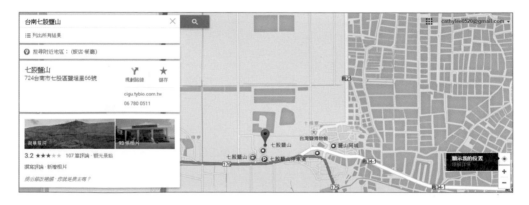

選按地圖右下角 **+** 或 **−** 圖示可以放大或縮小地圖比例 (或使用滑鼠中央滾輪)；將滑鼠指標移至地圖上任一處，按住滑鼠左鍵不放拖曳，則可以移動地圖位置。

point

搜尋一般市區中的景點時，大部分都能找到正確的位置，但當搜尋的是市郊或是偏僻的鄉村時，如果能使用地址或是座標來搜尋，較能得到精準的定位。

用關鍵字找民宿好省事

要出去遊玩卻不知道哪間民宿較優質，沒關係！這時利用 Google 地圖來充當您的專業導遊，幫忙找一間滿意的民宿。

01 於 Google 地圖左上角搜尋列中輸入民宿地點與「民宿」二字，例如：「台南七股 民宿」，按 Enter 鍵，即會列出附近的民宿定位，清單中除了民宿名稱外，還有網友評價的星號及評論，選按喜愛的民宿名稱，就可以看到詳細的民宿資訊。

02 接著選按下方評論開啟相關頁面，其中有網友們評論的文章，讓您有更多參考的依據；當然如果想分享經驗時，也可以按右上角的 **撰寫評論** 鈕發表自己的評論。

用景點或地址探索附近店家

到了一個陌生的地方，不清楚週遭是否會有餐廳、飯店或是其他商家時，可以在 Google 地圖上先探索一番，讓身處異地也不怕餓肚子。

01 於 Google 地圖左上角搜尋列中輸入景點關鍵字或地址，例如：「台北 101」，按 Enter 鍵，完成定位後按清單下方 **搜尋附近地區**，接著在搜尋列中看到 ⊙ 圖示出現。

02 於 ⊙ 圖示後輸入要搜尋的店家關鍵字，例如：「便利商店」、「咖啡廳」、「下午茶」...等，在此輸入「餐廳或咖啡店」，按 Enter 鍵，即會以「台北 101」為標記並搜尋附近的「餐廳或咖啡店」，可以於列出來的店家中根據星號或是評論決定要去哪一間店家用餐。

> **point**
>
> 若是搜尋後，景點或地址的詳細資料清單中並無 **搜尋附近地區** 選項時，可於搜尋列中再按一下滑鼠左鍵，於再次出現的清單中再按一下 **搜尋附近地區** 即可。

輕鬆規劃旅遊行程路線

找到目的地後，接下來就是要瞭解如何抵達，設定好出發地，Google 地圖即會規劃設計出最佳路線。

01 透過 Google 地圖左上角的搜尋列搜尋到目的地後，選按下方 **規劃路線**，於起點欄位輸入出發地，按 Enter 鍵。(直接於地圖上選按位置也可設定)

02 Google 地圖會依指定的目的地與起點規劃出幾條合適的路線，並透過藍線標示出最佳的路線供您參考。可以選按 **詳細資訊** 瞭解路線規劃細節，或選按地圖上對話雲來切換路線顯示。

03 如果要在路線中增加一中途點，可按 **＋ 新增目的地** 鈕增加欄位，再輸入要前往的目的地。

04 將滑鼠指標移至欄位前方呈 🖑 狀，按滑鼠左鍵不放往上拖曳放開，即可變更目的地的前後順序。

Google 地圖預設是以自行開車的方式前往目的地，如果您是要搭乘大眾運輸交通工具前往時，可於欄位最上方選按 🚆 **大眾運輸**，即可切換為大眾運輸模式，除了計算前往需要的時間外，還列出了所有搭乘車班的號次與時間可供參考。

如要取消規劃好的路線時，只要於清單右上角按 × **關閉路線** 即可。

建立我的地圖

01 於 Google 地圖搜尋列按一下滑鼠左鍵,於展開的項目選按 **我的地圖**,再按 ✐ **建立** 圖示。

02 在此會使用新版的 **我的地圖** 方式來建立地圖,選按 **建立新地圖** 鈕,建立新的地圖。(部分瀏覽器會跳過此畫面直接開啟新地圖畫面)

03 於 **無標題的地圖** 上按一下滑鼠左鍵,即可命名新地圖的標題,並加入該地圖的說明或敘述,完成後按 **儲存** 鈕。

04 於搜尋列中輸入景點的關鍵字,並在智慧搜尋結果選按正確的項目,在地圖上即會標出正確的位置,再將滑鼠指標移至綠色圖示上按一下左鍵可開啟該地點的詳細資料清單。

05 於該地點的詳細資料清單中按 **新增至地圖**,即可將此景點加入目前地圖項目的圖層中,景點圖示也會由綠色變成紅色。

06 依照相同操作方式，一一搜尋景點並建立至專屬的地圖中。也可將景點分享給好朋友，於清單選按 **分享**，再選按 **儲存** 鈕，接著於 **連結分享方式** 選按分享方式的代表圖示與設定其 **連結共用** 權限後，登入社群並依照該社群貼文方式完成分享即可。(或是在設定好權限後，直接複製 **共用連結** 欄位中的網址轉貼。)

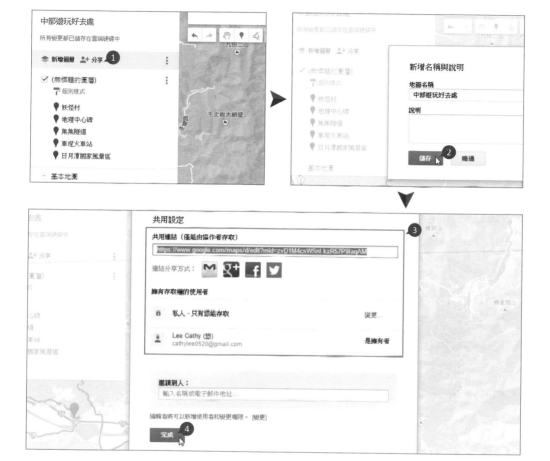

---

point

使用 **我的地圖** 編輯景點時，會在完成變更後自動儲存當下的狀態，所以當看到標題下方出現 **所有變更都已儲存在雲端硬碟中** 字樣時，可放心關掉瀏覽器。

分類景點好管理

我的地圖 的 **圖層** 功能可以分類自己所建立的景點，讓旅遊行程在規劃時更加完整與全面。

01 預設在 **我的地圖** 建立的景點會一一歸類在 **無標題的圖層** 中，可以於 **無標題的圖層** 上按一下滑鼠左鍵，為圖層命名後按 **儲存** 鈕，如此這個圖層就擁有專屬的名稱，以方便日後歸類各個不同屬性的景點。

02 如果要新增圖層時，則選按 **新增圖層** 鈕，於新增的 **無標題的圖層** 上按一下滑鼠左鍵，完成命名的動作後按 **儲存** 鈕，接著只要依相同方式搜尋並新增景點即可。(目前使用的圖層，會於圖層名稱左側呈現藍色線條，按一下圖層名稱即切換至該圖層，確認好圖層後再新增景點。)

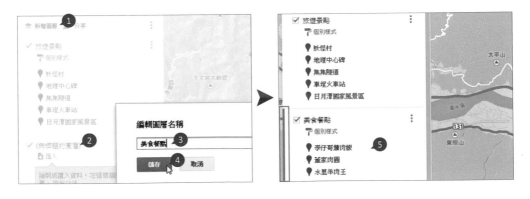

point

如果只想瀏覽特定圖層分類的景點時，可於不瀏覽的圖層標題右側取消核選，即可隱藏該圖層景點標註的顯示。

設計專屬圖示讓景點好辨識

我的地圖 上的標記圖示預設都是以 📍 顯示，如果圖層類型一多就不容易分辨，以下將藉由不同設計的圖示來區分景點的性質。

01 在 **我的地圖** 將滑鼠指標移至景點名稱左側，按一下 ✎ 圖示開啟 **顏色** 及 **圖示形狀** 的設定畫面，按 **更多圖示** 鈕，於清單中選擇合適的圖示後，按 **確定** 鈕。

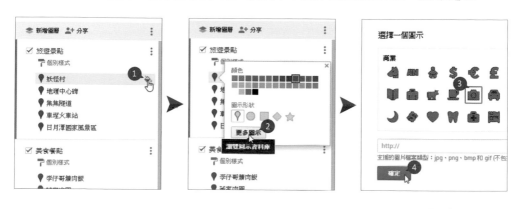

02 完成後即可變更該景點的圖示，依相同操作方式完成其他景點的圖示變更，如此，即可在地圖上清楚分辨出該景點是屬於哪個分類。

> **point**
>
> 基本的 **圖示形狀** 有：圓形、方形、菱形及星形圖示，這些預設的 **圖示形狀** 可以變更為其他顏色，但 **更多圖示** 中的圖示則無法變更顏色。

替旅遊景點加上精彩的圖文說明

我的地圖 上雖然標示了景點位置,如果可以再幫景點加上清楚的說明,日後觀看時可更瞭解景點特色。

01 選按欲加入說明的景點名稱,接著於 **Google 地圖詳細資料** 清單中,選按 ✎ **編輯** 進入編輯模式,在說明欄位中輸入文字敘述,完成後還可按 ◙ **新增圖片或影片** 插入圖片。

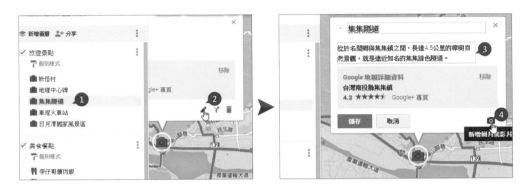

02 於搜尋列中輸入關鍵字後,按 🔍 圖示搜尋,在搜尋結果中選按合適的圖片後,按 **選取** 鈕,最後再按 **儲存** 鈕即可完成景點的圖文說明。

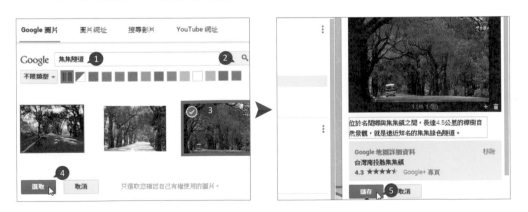

point

利用 **Google 圖片** 搜尋得到的結果,版權都屬於下方註明的網站,在使用上需特別注意,您也可以利用自己拍攝的圖片先上傳至 Google 雲端硬碟,複製該圖片連結後,再於插入圖片時使用 **圖片網址** 的方式轉貼進來即可。

360 度的影像街景服務

01 透過 Google 地圖左上角的搜尋列搜尋到目的地後，將滑鼠指標移至搜尋列下方，選按 **街景服務** 的縮圖。(如下方並無街景服務的縮圖，則代表該地點尚未納入街景服務之中。)

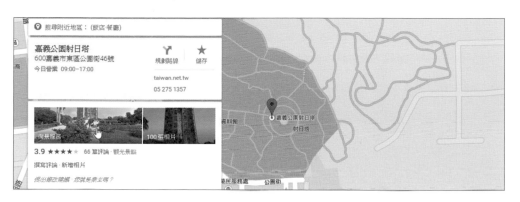

02 進入街景服務後，於實景影像上按滑鼠左鍵不放隨意拖曳即可改變視角；接著將滑鼠指標移至地面上出現箭頭符號時，按一下滑鼠左鍵即可往該方向前進。

03 要結束街景服務時，只要將滑指標移至左下角縮圖中，按 **返回地圖** 即可切換回一般地圖狀態。

point

將滑鼠指標移至地圖右下角處黃色小人上方，按滑鼠左鍵不放，即可抓住黃色小人並放置在地圖任一處的藍色線條路線上，放開滑鼠左鍵讓黃色小人落下即可立即預覽該處的街景圖。

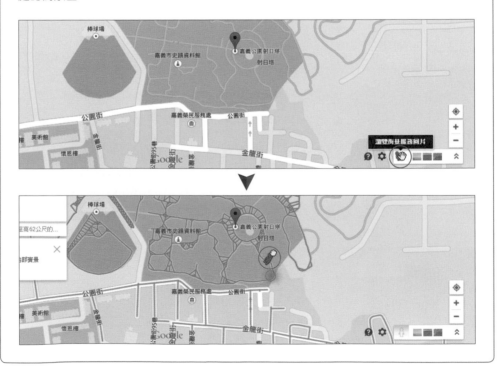

乘坐時光機探索歷史的街景

隨著街景服務不斷的更新後，Google 將以前拍好的街景重新整合，推出「TimeMachine」的服務，讓您可以一覽現在與過去的街景。

01 於 Google 地圖上搜尋目的地並進入街景服務 (在此示範 "台中宮原眼科")，在左上角的資訊欄位中可以看到下方 "街景服務 - 12 月 2011"，表示此街景相片為當時所拍攝的。

02 按資訊欄左下角 🕐 圖示開啟時間軸，透過拖曳時間軸滑桿的動作切換時間點，並可瀏覽當下的街景相片。如果按 🔍 圖示就可將目前的街景畫面更換為滑桿所在時間點街景。(依地點的不同，滑桿上所擁有的時間點數量也會不同。)

瀏覽 3D 衛星空拍的 Google 地圖

Google 地圖除了一般路線圖外，也有 3D 地球版本，讓您體驗真實立體化的地圖。

01 在預設的地圖模式中，按左下角的 **地球** 縮圖，即可變更為衛星空照圖模式。

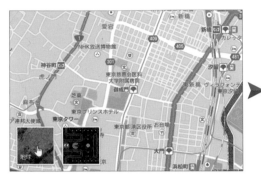 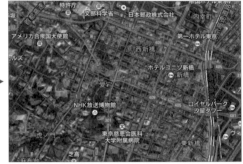

02 選按右側 ▣ **傾斜檢視** 圖示二次 (如果地圖中已有規劃路線，那只能傾斜一次)，即可將地圖視角切換成斜視的角度，可以看到地面隆起的山坡地與 3D 建築物，按住滑鼠左鍵拖曳地表就可以改變位置，選按右側 ➕ 或是 ➖ 圖示可縮放地圖顯示比例；選按右側上方 ◉ 圖示左或右邊即可改變視角方向。

完成觀看後，按左下角 **地圖** 縮圖即可回到預設的路線圖模式。(部分大都市會提供 3D 式建築，如：美國紐約或日本東京，不過由於 3D 模式對硬體要求變高，所以在觀看時產生延遲是正常的狀況。)

3D 進階版的 Google 地球

Google 地圖中看到的衛星空拍 3D 模型怎麼有點粗糙？而且國外的圖資比較齊全？透過 **Google 地球** 可讓您檢視更真實的世界地圖圖像！

01 想看到更精細的 3D 建築物可以安裝 **Google 地球** 這套軟體，開啟瀏覽器 (在此以 Chrome 瀏覽器進行示範)，於網址列輸入「http://www.google.com.tw/intl/zh-TW/earth/」，於畫面右方按 **下載 Google 地球** 鈕。

02 完成下載並安裝好 **Google 地球** 然後執行開啟，首先在視窗中可以看到一顆完整的 3D 地球，左側欄位為 **搜尋**、**位置**、**圖層**...等控制項目。

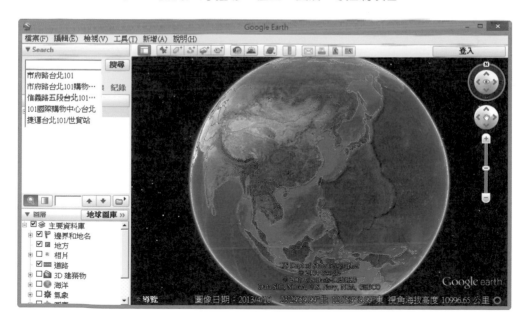

03 於左上角 **搜尋** 欄位輸入「台北101」，按 **搜尋** 鈕，完成後於左側 **圖層** 欄位核選 **3D 建築物**。

04 將滑鼠指標移至 ⚙ 圖示上，按住滑鼠左鍵並拖曳即可旋轉視角；將滑鼠指標移至 ⚙ 圖示上，按住滑鼠左鍵並拖曳即可移動方向 (也可直接於地圖上拖曳)；待調整至合適的角度及位置後，即可看到 3D 立體的建築物，且精細度與讀取速度也比在 Google 地圖上快多了。

延伸練習

一、選擇題

1. (　) 除了 Skype 帳戶外，還可以使用下列何種帳號登入 Skype？
   A. Hinet 帳戶　　B. Yahoo 帳戶　　C. Google 帳戶　　D. Microsoft 帳戶

2. (　) 如果要使用 Skype 傳照片給朋友時，要用下列何者功能？
   A. 📞 \ 照片　　B. 📎 \ 照片　　C. 📹 \ 照片　　D. 📞 \ 照片

3. (　) 在 Skype 使用一般通話時，需選按下列何鈕？
   A. 📎　　B. 📞　　C. 📹　　D. 👤⁺

4. (　) 在 Skype 使用視訊通話時，需選按下列何鈕？
   A. 📎　　B. 📞　　C. 📹　　D. 👤⁺

5. (　) 使用下列何者 E-mail 可以註冊 Facebook 帳戶？
   A. Microsoft 帳戶　　B. Yahoo 帳戶　　C. Google 帳戶　　D. 以上皆可

6. (　) 下列何者不屬於 Facebook 的通知訊息？
   A. 朋友邀請通知　　B. 訊息通知　　C. 動態消息通知　　D. 好友上線通知

7. (　) 在 Facebook 更新近況時，除了輸入文字外還可以使用下列何者功能？
   A. 新增相片　　B. 標註好友　　C. 感受狀態　　D. 以上皆是

8. (　) 使用 Google 地圖搜尋目的地週遭的餐廳或景點時，需要使用下列何者功能？
   A. 搜尋附近地區　　B. 規劃路線　　C. 街景服務　　D. 評論

9. (　) 在 Google 地圖 我的地圖 中，除了圖示外還可以為景點加上哪些項目？(複選)
   A. 新增圖片或影片　　B. 景點說明　　C. 3D 模型　　D. 當地時間

10. (　) 在 Google 地圖定好位置後，使用下列何者功能可以觀看現場的 360 度環景？
   A. 規劃路線　　B. 街景服務　　C. 交通資訊　　D. 搜尋附近地區

二、實作題

請依如下提示完成各項操作。

1. 在 FB 建立一個專屬的相簿,並上傳多張相片與朋友分享,互動聊天、留言或按 **讚**。

2. 於 Google 地圖首先搜尋「台北松山機場」,選按 **規劃路線** 後,起始點設為「日月潭國家風景區」,完成路線的規劃。

11 資訊安全與
病毒防護

・Windows 防火牆

・Windows Defender

・Windows 重要訊息中心

・Windows Update

11.1 Windows 防火牆

防火牆可以幫電腦阻擋惡意的網路入侵行為，透過網路來存取您的電腦，這是在使用網際網路瀏覽時，保護自己個人電腦資訊的一種必要措施，接下來就來認識如何管理防火牆設定。

開啟或是關閉防火牆

Windows 防火牆 在 Windows 8 (或 8.1) 版本中預設為啟動狀態，因此完全不需要進行任何設定，可以透過以下操作來確認是否已經開啟。

01 於 **桌面** 環境，將滑鼠指標移至畫面右下角再往上滑動，**工具選單** 就會從畫面右側滑出，請選按 ⚙ **設定 \ 控制台**。

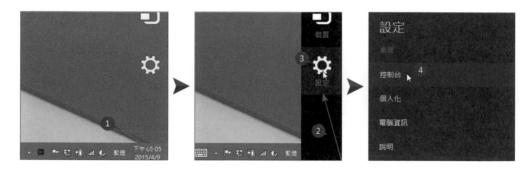

02 於 **控制台** 視窗，先設定 **檢視方式：大圖示**，再選按 **Windows 防火牆** 開啟視窗。

03 於 **Windows 防火牆** 視窗中即可看到目前防護狀態，選按左側 **開啟或關閉 Windows 防火牆**。

04 在 **自訂設定** 視窗，可以在此核選開啟或關閉防火牆狀態，並設定連線規則，完成設定後按 **確定** 鈕即可。

point

Windows 防火牆 並不能掃描病毒判斷電子郵件的內容，如果在開啟電子郵件附件前，建議先用防毒軟體進行掃描，以保護個人電腦的安全。

允許程式通過防火牆

有時在安裝某些應用程式需連結網際
網路傳輸時，**Windows 防火牆** 會自
動封鎖連線，並跳出對話方塊詢問是
否允許存取，按 **允許存取** 鈕即可設
定好規則，否則請按 **取消** 鈕。如果
未來想針對某些應用程式自訂封鎖規
則時，可依下列方式操作：

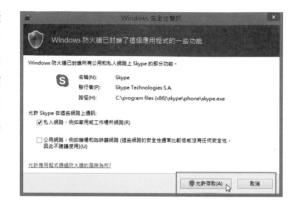

01 回到 **Windows 防火牆** 視窗，於左側選按 **允許應用程式或功能通過 Windows
防火牆**。

02 需先選按 **變更設定** 鈕，接著於 **允許的應用程式與功能** 清單中核選要變更的應用
程式 (如果是核選允許時，需再核選 **私人** 或 **公用** 網路。)，完成後按 **確定** 鈕。

如果在 **允許的應用程式與功能** 清單中並沒有要設定的應用程式時，選按 **允許其他應用程式** 鈕開啟對話方塊，接著於 **應用程式** 清單中選按要設定的程式名稱，再按 **新增** 鈕即可。

於 **WIndows 防火牆** 視窗選按 **進階設定** 開啟 **具有進階安全性的 Windows 防火牆** 視窗，在這裡可以做更多的設定，如果要管理網際網路安全協定 (Internet Protocol Security，縮寫為 IPsec) 與輸入輸出活動也可以在此處找到。(IPSec 主要可提供認證與保密二項功能。)

11.2 Windows Defender

Windows Defender 可協助保護您的電腦不受「惡意程式」的攻擊，會隨時監控可疑病毒、軟體的安裝或變更，能掃描的選項也多，並可更新病毒定義以得到更安全的保護。

開啟 Windows Defender

Windows Defender 預設是一開機就會啟動，可以透過以下方式操作：

01 於 **桌面** 環境，將滑鼠指標移至畫面右下角再往上滑動，**工具選單** 就會從畫面右側滑出，請選按 ⚙ **設定 \ 控制台**。

02 於 **控制台** 視窗，先設定 **檢視方式：大圖示**，再選按 **Windows Defender** 開啟視窗，接著選按 **設定** 標籤確認 **系統管理員** 中的 **開啟此應用程式** 是否呈核選狀態，如尚未核選時，請核選後按 **儲存變更** 鈕才能開啟 Windows Defender。

掃描及移除間諜威脅

Windows Defender 預設有三種掃描模式，分別是 **快速**、**完整** 和 **自訂**，只要執行 **快速** 模式，系統會針對電腦中最有可能被入侵的位置進行掃描。

01 於 **首頁** 標籤核選 **快速** 後，選按 **立即掃描** 鈕，系統即會開始進行掃描。

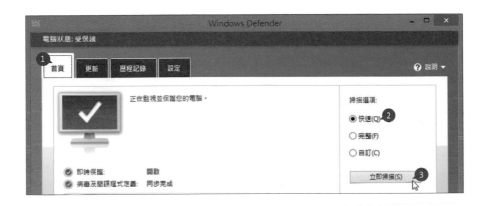

02 依設備的不同，掃描完成需要一段時間，建議可以選擇電腦閒置時進行此動作，待完成後即會於 **首頁** 標籤看到訊息記錄。

如果執行 **完整** 模式，則是會針對系統中所有的檔案及軟體進行掃描，也因為是完整掃描，所以執行的時間會比較久。

於 **首頁** 索引標籤核選 **完整** 後，選按 **立即掃描** 鈕即可執行。

如果掃描過程偵測到電腦正遭受 "威脅" 時，可以有以下四種方式進行處理：

忽略：不執行任何處理先跳過，但若再次掃描，還是會偵測到此威脅。

隔離：隔離異常的檔案，但某些檔案只能選擇刪除的動作而無法隔離。

移除：直接從電腦中移除該檔案。

永遠允許：會允許該檔案執行，且下次掃瞄時該檔案就不會再被列為有威脅的檔案。

如果想針對特定的硬碟或資料夾執行掃描，可以使用 **自訂** 模式。

01 於 **首頁** 標籤核選 **自訂** 後，選按 **立即掃描** 鈕。

02 在對話方塊中核選要掃描的資料夾 (本範例核選 D 槽的 <downloads> 資料夾)，再選按 **確定** 鈕即會開始掃描該資料夾。

03 完成後即可於 **首頁** 標籤看到訊息記錄。

開啟即時保護

Windows Defender 除了可以掃描及移除間諜威脅外,在 **設定** 標籤的 **即時保護** 項目中核選 **開啟即時保護選項**,當有惡意或潛在垃圾軟體嘗試在電腦上安裝或執行時,**Windows Defender** 就會自動通知。

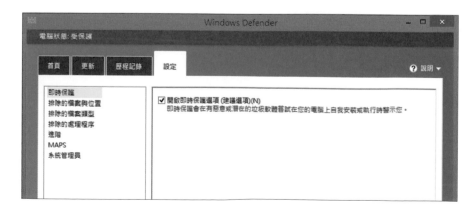

清除潛在有害的軟體

當 **Windows Defender** 發現有威脅的軟體試圖自行執行時，會於工作列顯示提示，只要跟著步驟做即可清除有害的軟體。

01 於 **訊息中心** 上顯示的對話雲上按一下滑鼠左鍵，即會開啟 **Windows Defender** 視窗，接著於 **清理電腦** 鈕下方選按 **顯示詳細資料**。

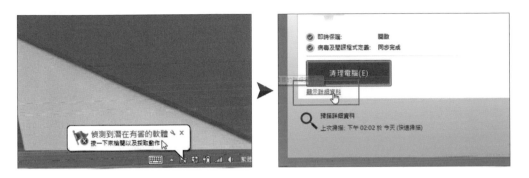

02 **潛在威脅的詳細資料** 對話方塊中可看到威脅的項目，確定該項目是惡意軟體時，於 **建議的動作** 項目中設定 **移除**，再選按 **套用動作** 鈕，接著系統就會開始清除有害軟體，完成後按 **關閉** 鈕。

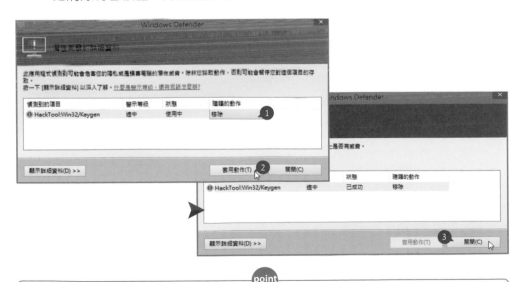

point

選按 **顯示詳細資料** 鈕可以展開更多資訊，可以根據其中顯示的內容來判定 **在建議的動作** 中要設定為移除的檔案，或是只要將檔案隔離就好。

更新病毒定義

軟體會更新，病毒也一樣會更新，要讓電腦裡的病毒定義維持最新狀態，才能得到
更安全的保護。

01 於 **更新** 標籤選按 **更新** 鈕，會開始更新病毒及間諜軟體定義的版本。

02 更新完成即會在 **更新** 標籤看到 **定義建立日期、上次更新定義**...等相關訊息，
讓您方便掌握最新狀態。

11.3 Windows 重要訊息中心

重要訊息中心 監控電腦的安全與維護設定，監控的項目包含了 Windows 防火牆、Windows Update、Windows Defender...等，只要一有變更馬上就會收到相關通知。

開啟重要訊息中心

當電腦需要進行安全性維護或是更新時，開啟 **重要訊息中心** 即可馬上處理。

01 於 **桌面** 環境，當 **工作列** 右方重要訊息中心出現 圖示時，將滑鼠指標移至上選按 \ **開啟重要訊息中心**。(或可於 **所有控制台項目** 視窗選按 **重要訊息中心**)

02 於 **重要訊息中心** 視窗中，可以選按需要處理的項目，像是本範例中網路防火牆需要開啟，只要於右方選按 **檢視防火牆選項** 鈕，即可開啟或是啟動相關應用軟體。

設定重要訊息中心

重要訊息預設包含了 Windows Update、防毒保護、網路防火牆...等許多通知，如何
得知哪些項目已開啟或是要關閉某些項目通知，可依以下操作說明：

01 於 **重要訊息中心** 開啟視窗左側選按 **變更重要訊息中心設定**。

02 此頁面中，可以檢查是否有項目的訊息通知未核選，或是取消某些訊息通知，
完成設定後按 **確定** 鈕即可。

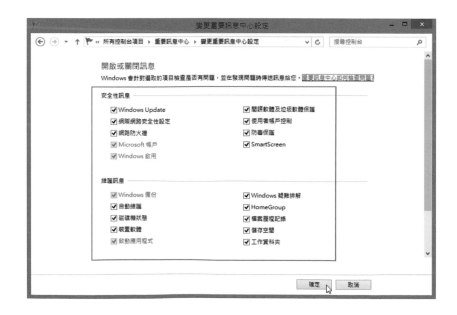

11.4 Windows Update

Windows 系統的自動更新功能，會提供並自動安裝最新的安全性項目，可確保電腦維持最佳狀態，當看見工作列最右邊的通知區域出現通知時，請務必執行更新動作。

手動完成更新項目

預設狀態下，系統會在每天上午 3 點自動下載並安裝，如果錯過了自動更新的時間點，可以利用手動方式完成更新動作。

01 開啟 **控制台** 首頁，先設定 **檢視方式：大圖示**，再選按 **Windows Update** 開啟視窗，於左側選按 **檢查更新**。

02 檢查完畢後，如果出現需要更新的項目時，會出現在畫面中間，只要選按 *** 個重要更新 可以使用**，接著核選要更新的項目，再按 **安裝** 鈕即可。

03 系統即會開始下載自動完成更新，並在下方顯示最近更新檢查與已完成安裝更新的時間點，讓您掌握電腦的狀態。

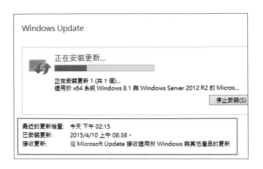

point

有時候更新項目會分為 **重要更新** 與 **選用的更新**，在 **重要更新** 項目中大部分都是屬於系統中較重要的項目，建議您務必執行更新動作；而 **選用的更新** 項目則屬於較不重要的項目，可能是語言包或是裝置的驅動程式，這些項目就算不安裝也不會影響電腦的安全性。

安裝完成後，可以於左側選按 **檢視更新記錄** 進行查看。

變更自動更新的設定

雖然自動更新很方便，但是有時會在不知情的狀況下強制更新，像是急著要關機時，為避免這樣的狀況可以在設定上做些調整。

01 於 **Windows Update** 視窗左側選按 **變更設定**，接著於 **重要更新** 項目下選按 **維護期間內將會自動安裝更新**。

 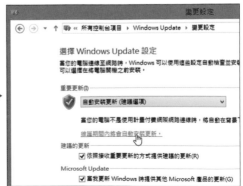

02 按一下 **每天執行維護工作的時間** 清單鈕，選按合適的時間點，核選 **允許排定的維護在排定的時間喚醒我的電腦**，按 **確定** 鈕，之後自動更新的時間點就會在排定的時間執行了。

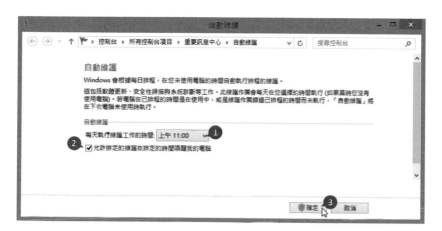

point

如果只想使用手動方式來決定更新的項目與時間點時，可按一下 **重要更新** 項目清單鈕，選按 **下載更新，但由我來選擇是否安裝**，再按 **確定** 鈕即可。

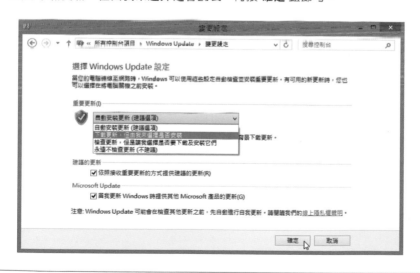

解除自動更新的安裝

曾發生過 Windows Update 後，系統反而出現漏洞的情況，此時要如何解除已安裝過的更新檔，請依下列說明操作：

01 於 **Windows Update** 視窗左側下方選按 **已安裝的更新**，即可看到您至目前為止所有安裝過的更新項目。

02 於清單中選按要解除的項目，選按 **解除安裝**，再按 **是** 鈕，系統即會開始解除這個已安裝好的更新檔案。

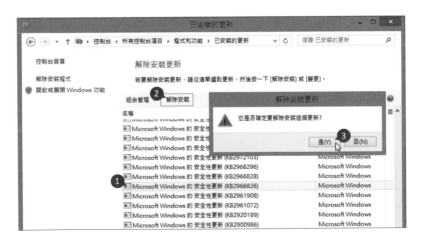

point

如果誤移除更新檔時，可以使用 **Windows Update** 再次檢查更新，就可以重新安裝更新檔。

延伸練習

一、是非題

1. （　）安裝應用程式時若被 Windows 防火牆擋下，正確的解決方式是直接將 Windows 防火牆關閉。

2. （　）Windwos 防火牆並不能掃描電子郵件，所以還是要先使用防毒軟體進行掃描後才開啟。

3. （　）Windows Defender 需定時更新才能維持最新的間諜軟體定義。

4. （　）如果掃描到有威脅性的檔案時，都只能忽略而無法移除。

5. （　）Windows Update 會幫系統自動下載並自動更新，讓電腦維持最佳狀態及安全性。

二、選擇題

1. （　）Windows 防火牆能為電腦做些什麼事？
   A. 阻擋網路入侵行為　　B. 掃描病毒　　C. 自動更新　　D. 強化系統

2. （　）如果同意某些應用程式連結網際網路傳輸時，Windows 防火牆需同意下列何者項目？
   A. 自動封鎖　　B. 允許存取　　C. 驗證電腦　　D. 連接網路

3. （　）請問下列何者能幫電腦阻擋間諜軟體和掃描病毒？
   A. Windows 防火牆　　B. Windows Defender
   C. Windows Update　　D. Windows 行動中心

4. （　）如果只需針對某一資料夾進行掃描時，需使用哪種掃描模式？
   A. 快速　　B. 完整　　C. 自訂　　D. 以上皆是

5. （　）下列何者不是 **重要訊息中心** 裡可以設定的通知項目？
   A. Windows Update　　B. 使用者帳戶控制
   C. 檢視連線設定　　D. 網路防火牆

三、實作題

請依如下提示完成各項操作。

1. 開啟 Windows Defender 於 **更新** 標籤更新病毒及間諜程式定義。

2. 於 **首頁** 索引標籤進行一次 **快速** 模式的掃描動作。

3. 開啟 **重要訊息中心**。

4. 檢查訊息中心是否有安全性或需要維護的通知，並依照通知完成作業。

5. 開啟 **Windows Update**，執行 **檢查更新** 作業並完成自動安裝更新。

12 認識文書處理 Word 2013

- 進入 Word
- 學習打字之前，先認識鍵盤！
- 文字的基本編修
- 插入日期與時間
- 儲存檔案

12.1 進入 Word

Word 是一套既實用又普遍的文書處理軟體，親切的介面與簡單易學的操作，舉凡朋友通訊錄、活動通知、隨身筆記、信件聯繫...等各式文件，都可以輕鬆處理，讓軟體與生活做一個緊密結合。

啟動 Word 的方式

將滑鼠指標移至畫面的右上角，選按 🔍 **搜尋**，於應用程式欄位輸入「word」後，選按 **Word 2013** 磚開啟應用程式。

建立空白新文件

01 開啟 Word 應用程式時 (若是第一次使用時會開啟相關的導覽設定請依照預設值操作即可)，可使用範本快速地建立文件，如果不使用範本，直接選按 **空白文件** 會開啟一份空白的新文件，並自動命名為「文件1.docx」。

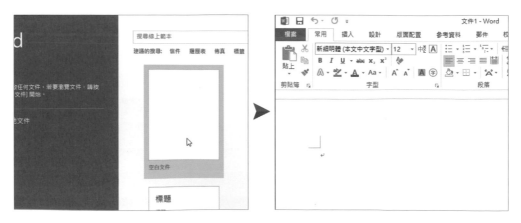

02 接著便可以進行文字、圖片及表格...等元素的編排,倘若需要再建立另外一份
新文件時,可於 **檔案** 索引標籤選按 **新增 \ 空白文件**,即會再產生一個空白的
新文件。

按此鈕可回到文件編輯畫面

認識 Word 操作介面

Word 2013 以簡單、一目瞭然的配置取代了 Word 2010 的功能表、工具列及工作窗
格,現在就來看看這個全新的使用者介面!

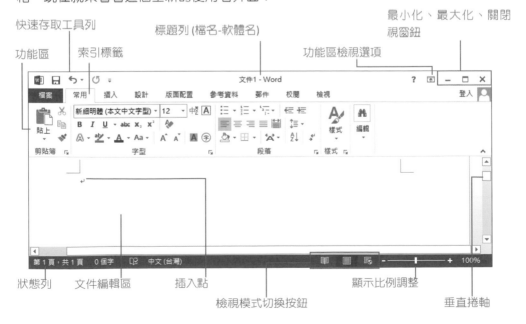

認識「檔案索引標籤」

檔案 索引標籤位於 Word 視窗的左上角，選按後會切換至如下畫面，一些常用與基本功能，例如：**資訊**、**新增**、**開啟舊檔**、**儲存檔案**、**另存新檔**、**列印**、**共用**...等放置於左側，中間的畫面內容則顯示目前這份文件的相關資訊，及部分設定選項。

選按左側功能清單項目，會打開下一層的
功能清單。

此處顯示已打開文件檔案的相關資訊

選項 提供 **顯示**、**校訂**、**儲存** 及 **語言**...等偏好設定。

認識「快速存取工具列」

快速存取工具列位於 **檔案** 索引標籤的上方，利用最右側 ▼ **自訂快速存取工具列** 鈕，可以將一些常用的功能按鈕，例如：儲存檔案、復原...等整理於這個位置，方便快速執行。

認識「功能區與索引標籤」

功能區位於 Word 視窗的頂端，它取代了舊版 Word 的功能表列與工具列，將工作依其特性分成 **常用、插入、版面配置、參考資料、郵件、校閱**和 **檢視** 七大索引標籤，只要在上方索引標籤名稱上按一下滑鼠左鍵即可切換。每個索引標籤下包含數個相關群組，而每個群組又包含多項命令。

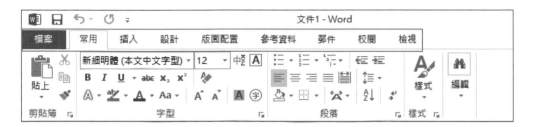

功能群組的右下角若有 對話方塊啟動器圖示時，表示可以開啟相關功能的對話方塊，進行更細部設定。

 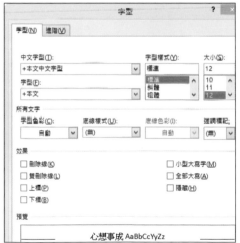

point

當縮小 Word 視窗而導致功能區範圍變小時，功能按鈕會平行縮小，隱藏至主要功能底下或僅顯示圖示，這時只要再將視窗放至最大或利用工具提示，正確選擇想要選按的功能按鈕即可。

12.2 學習打字之前，先認識鍵盤！

「鍵盤」是跟電腦「溝通」最主要的配備之一，打字輸入一定少不了它，所以熟悉鍵盤的使用方法是學習輸入文字的第一步，然後再養成使用鍵盤的良好習慣，可以讓打字更快，使用上更加方便。

主要打字鍵區

打字鍵區是鍵盤主要的部分，由數字鍵 0~9、英文字母鍵 A~Z、符號鍵、控制鍵所組成，打字鍵區主要作用是輸入英文字母、符號、中文輸入法。

數字符號鍵

每個按鍵的上下方基本都會標示二個符號，但因為市面上鍵盤品牌眾多，所以某些按鍵會標示三個或四個符號。數字鍵主要位於打字鍵區上方，有 0~9 共 10 個阿拉伯數字，這些數字皆標示在每個按鍵下方；而常用的標點符號，則是出現在按鍵上方或下方。

標示在按鍵下方的數字與符號，直接選按就能輸入該數字或符號；若標示在按鍵上方的符號，只要一手按 Shift 鍵不放，同時再選按該鍵即可輸入該符號，舉例來說：

● 按 ₂ 鍵：「2」

● 按 Shift 鍵不放 ＋ ₂ 鍵：「@」

字母鍵

打字鍵區中間的範圍最大一個區塊就是字母鍵，有 A~Z 共 26 個英文字母。在輸入字母時，會直接輸入小寫的英文字母，若是同時按 Shift 鍵不放再按字母鍵，則可以輸入大寫的英文字母，舉例來說：

● 按 S 鍵：「s」

● 按 Shift 鍵 + S 鍵：「S」

控制鍵

控制鍵包含 Shift 、 Ctrl 、 Alt 、 Enter 、 BackSpace ...等按鍵，這些按鍵可以單獨使用，若是要執行一些特定動作也可以與其他按鍵搭配一起使用。以下將分別介紹這些控制鍵功能：

● Tab 鍵：稱為 **定位鍵**，在輸入文字的時候，按一下可以將插入點向後移動數個空格。

● Caps Lock 鍵：稱為 **大小寫轉換鍵**，是英文字母大小寫的切換鍵，當要輸入大寫字母時，按一下就可直接輸入大寫的字母。

● Shift 鍵：當按鍵上有二個符號時，若要輸入按鍵上方的符號，請按 Shift 鍵不放再按該鍵即可直接輸入；而欲輸入大寫的英文字母時，則一樣按 Shift 鍵不放再按字母鍵，即可輸入大寫字母。

● Ctrl 鍵：稱為 **控制鍵**，該鍵無法單獨使用，必須搭配其他的按鍵，以執行某些特定的功能。

● Alt 鍵：稱為 **轉換鍵**，該鍵和 Ctrl 鍵一樣無法單獨使用，必須搭配其他的按鍵，以執行某些特定的功能。

● 鍵：稱為 **Windows 鍵**，按下可進入 **開始** 畫面。

● Space 鍵：稱為 **空白鍵**，按一下，可在目前插入點出現一個空白字元。

● Enter 鍵：稱為 **換行鍵**，在輸入文字時，按該鍵可以加入新的段落且將插入點移到下一行的開頭。

● BackSpace 鍵：稱為 **刪除鍵**，按該鍵可以刪除插入點前的字元或選取文字。

操作鍵盤正確姿勢

了解鍵盤每個區域按鍵的大致功能後，接下來就要來練習鍵盤指法了，手指如何擺放，如何分工，都是操作鍵盤時必須注意的幾項重點，當學會了，那打字就不成問題囉！

正確的姿勢可以減輕身體的疲累以及傷害，所以在開始打字之前，請將雙腳自然放平、腰背挺直、肩膀放鬆、手腕自然的放在桌上，身體距離鍵盤大約 20-30 公分。

左右手的擺放方式

操作鍵盤時，每根手指都有它的工作範圍，鍵盤上 F 和 J 鍵，二個按鍵上有突起的小橫槓，目的是要讓左右手觸摸後進而定位，做為左右手食指的基準點，兩隻手的大姆指則輕放在空白鍵上，左手的中指、無名指、小指分別擺放在 D、S 和 A 鍵，而右手的中指、無名指、小指則擺放在 K、L、; 鍵。

十隻手指分工

除了已分配好的 8 個按鍵，打字鍵區其他的按鍵也根據每根手指可自然移動的範圍，規劃出數個區域，讓手指方便依分配區域操作鍵盤。

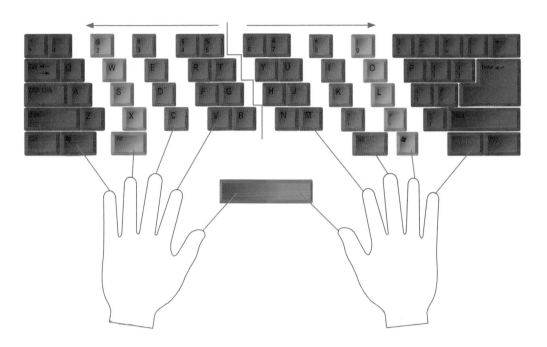

- 左右大姆指：負責鍵盤最下方的空白鍵。

- 左手小指：負責數字「1」行與左邊的按鍵。

- 左手無名指：負責數字「2」行。

- 左手中指：負責數字「3」行。

- 左手食指：負責數字「4」、「5」兩行。

- 右手小指：負責數字「0」行與右邊的按鍵。

- 右手無名指：負責數字「9」行。

- 右手中指：負責數字「8」行。

- 右手食指：負責數字「6」、「7」兩行。

12.3 文字的基本編修

認識環境與功能介紹後，接下來就是學習如何在文件中輸入文字。文字編輯的幾項基本操作，例如：插入標點符號、分段與分行的差別、選取與修改、複製貼上與剪下動作...等。

關於插入點

請開啟一份空白新文件，在開始前會於編輯區中發現一個閃爍黑色直線，此處統稱為 **插入點**，輸入的資料會隨著插入點位置而依序出現。

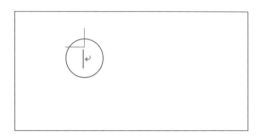

---

point

插入點除了可以利用鍵盤上的方向鍵進行移動之外，將滑鼠指標移至要插入文字的地方，按一下滑鼠左鍵也會出現插入點。

輸入文字與標點符號

現在以「新注音」輸入法為例，簡單就本章範例的標題文字體驗 Word 的輸入模式。

01 輸入文字之前，請於畫面左下角按 Shift 鍵切換為 中，代表為中文輸入法模式，接著於 口 按一下滑鼠左鍵，確認為 **微軟新注音** 輸入法。

02 輸入注音符號「ㄌㄩ」，再輸入三聲符號「ˇ」(鍵盤按鍵為 X → M (英文鍵) → 3)，再按 ↓ 向下鍵，會出現一 **候選字** 清單。

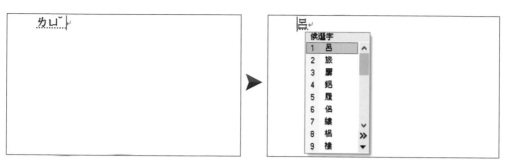

03 在 **候選字** 清單按 → 向右鍵，可展開清單顯示更多的文字，按鍵盤 ↓ 鍵+ Enter 鍵確認或者直接按文字對應數字鍵，都可以正確選取要輸入的文字，最後再按 Enter 鍵即可。(在此選取「旅」文字)

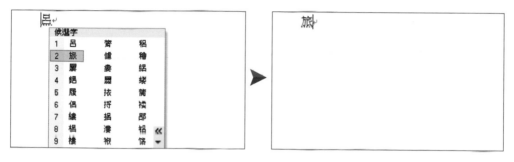

04 接下來繼續輸入其他文字「遊重要的訊息告知」當輸入最後一個「知」文字，按 Enter 鍵即可完成輸入的動作。

旅遊重要的訊息告知

遊 (一ㄡˊ)：鍵盤按鍵為 U → > → 6

重 (ㄓㄨㄥˋ) 鍵盤按鍵為 S → J → ? → 4

要 (一ㄠˋ) 鍵盤按鍵為 U → L → 4

的 (ㄉㄜˊ) 鍵盤按鍵為 2 → K → 7

訊 (ㄒㄩㄣˋ) 鍵盤按鍵為 V → M → P → 4

息 (ㄒㄧˊ) 鍵盤按鍵為 V → U → 6

告 (ㄍㄠˋ) 鍵盤按鍵為 E → L → 4

知 (ㄓ) 鍵盤按鍵為 5 → Space

05 於「旅遊」文字最前方按一下滑鼠左鍵將插入點移至此處，然後於右下角語言工具列 中 上按一下滑鼠右鍵，選按 **標點符號** 呼叫畫面鍵盤。

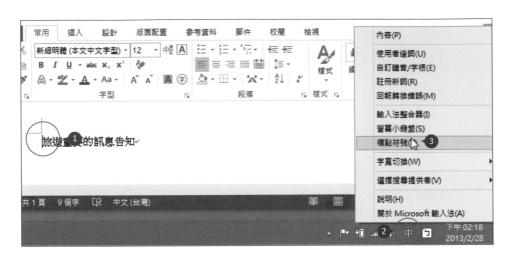

06 選按「【」標點符號，再按 Enter 鍵完成符號加入的動作。相同的方法，於「遊」文字後方加入「】」標點符號。

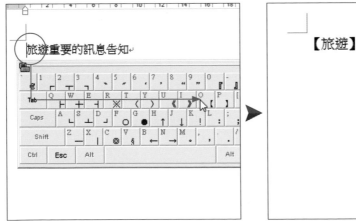

文句「分段」

按 Enter 鍵會執行分段的動作，產生一個新的段落，並出現 ↵ 段落符號。

在句子的最尾端按一下滑鼠左鍵，將插入點移至第一行文字的最後面，然後按二下 Enter 鍵，讓插入點移至第三段。

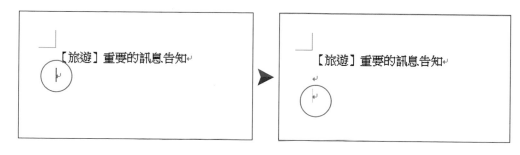

複製與貼上文字

如果手邊剛好有 Word 資料或文字檔 (*.txt) 要運用到現在文件中，不用大費周章重新輸入，只要利用複製與貼上功能，就可以輕鬆將文字資料 "轉移" 至目前文件中，並進行編修。

01 請開啟範例原始檔 <旅遊須知事項.txt>，選按 編輯 \ 全選 選取所有資料，再選按 編輯 \ 複製。

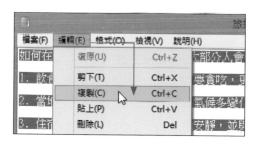

02 回到 Word 文件中，先確認插入點所在位置是否於第三段，再於 常用 索引標籤選按 貼上。

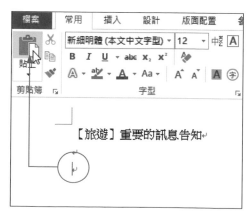

文句「分行」

按 Shift + Enter 鍵會執行強迫換行動作 (換行但段落相同)，並出現 ↓ 分行符號。因為它只是換行，所以會延續同一段內的相關段落設定。

01 請在 「1. 飲食衛生：」 後方按一下滑鼠左鍵，將插入點移到此處，然後按 Shift + Enter 鍵，將後方的文字 "強迫" 移到下一行。

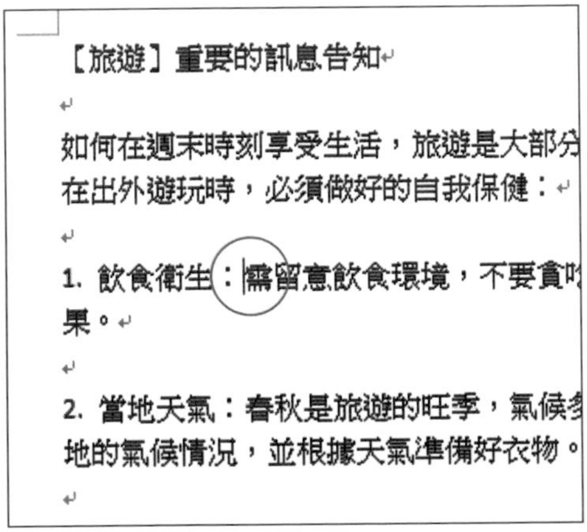

【旅遊】重要的訊息告知↵

↵

如何在週末時刻享受生活，旅遊是大部分
在出外遊玩時，必須做好的自我保健：↵

↵

1. 飲食衛生：需留意飲食環境，不要貪吃
果。↵

↵

2. 當地天氣：春秋是旅遊的旺季，氣候多
地的氣候情況，並根據天氣準備好衣物。

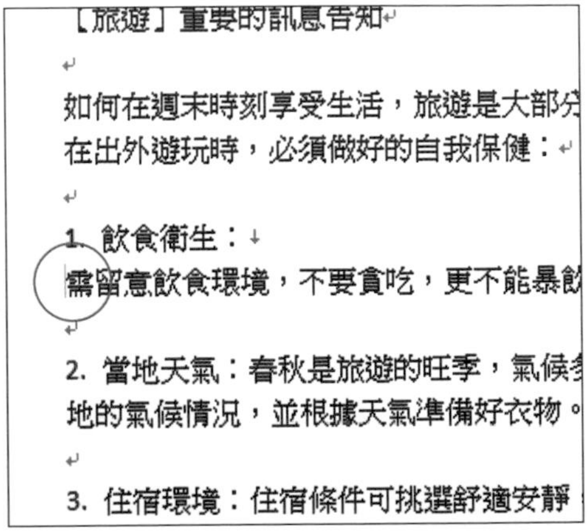

▶

【旅遊】重要的訊息告知↵

↵

如何在週末時刻享受生活，旅遊是大部分
在出外遊玩時，必須做好的自我保健：↵

↵

1. 飲食衛生：↓
需留意飲食環境，不要貪吃，更不能暴飲

↵

2. 當地天氣：春秋是旅遊的旺季，氣候多
地的氣候情況，並根據天氣準備好衣物。

↵

3. 住宿環境：住宿條件可挑選舒適安靜

02 請依照相同設定，將 2.～5. 點旅遊資訊執行分行效果。(可以對照右圖的完成結果)

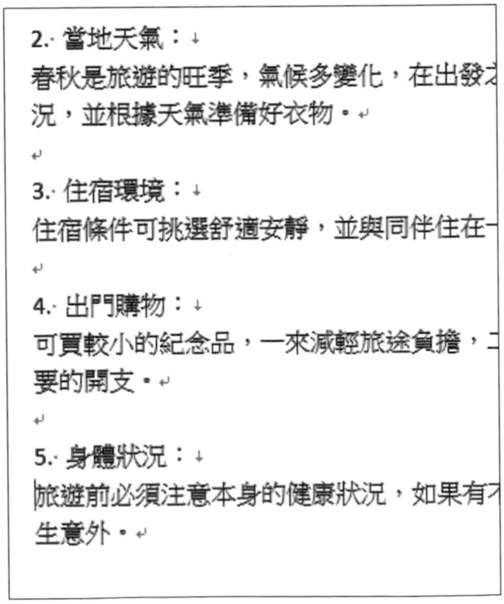

2. 當地天氣：↓
春秋是旅遊的旺季，氣候多變化，在出發之
況，並根據天氣準備好衣物。↵

3. 住宿環境：↓
住宿條件可挑選舒適安靜，並與同伴住在一

↵

4. 出門購物：↓
可買較小的紀念品，一來減輕旅途負擔，二
要的開支。↵

↵

5. 身體狀況：↓
旅遊前必須注意本身的健康狀況，如果有不
生意外。

選取文字並修改

輸入資料的過程中如果有打錯字，可先選取打錯的文字再進行編修調整。

01 將滑鼠指標移至「重」文字左側，按滑鼠左鍵不放由左至右拖曳選取「重要的訊息」文字，再放開滑鼠左鍵。

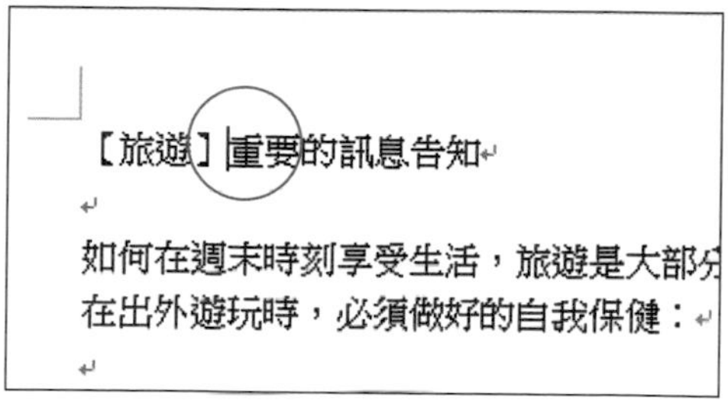

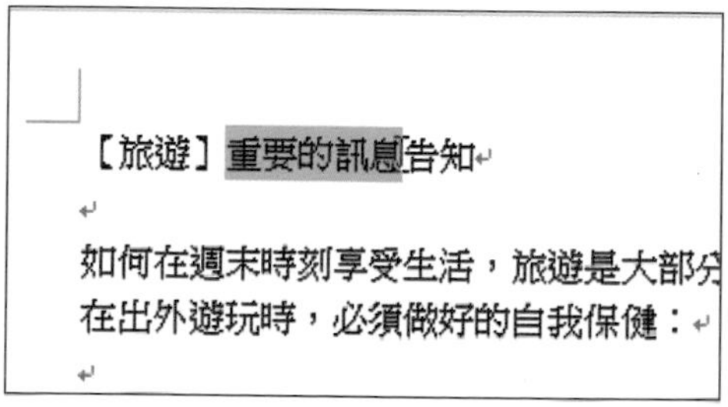

【旅遊】重要的訊息告知↵

如何在週末時刻享受生活，旅遊是大部分
在出外遊玩時，必須做好的自我保健：↵

▶

【旅遊】重要的訊息告知↵

如何在週末時刻享受生活，旅遊是大部分
在出外遊玩時，必須做好的自我保健：↵

02 直接輸入「注意事項」文字，會發現原來的「重要的訊息」文字已經被取代。

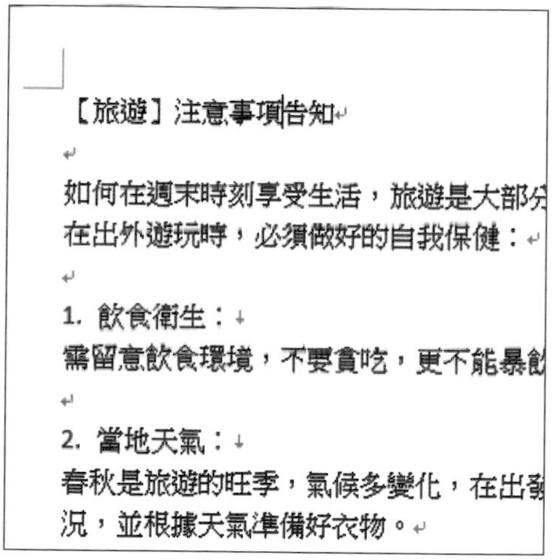

【旅遊】注意事項告知↵

如何在週末時刻享受生活，旅遊是大部分
在出外遊玩時，必須做好的自我保健：↵

1. 飲食衛生：↵
需留意飲食環境，不要貪吃，更不能暴飲

2. 當地天氣：↵
春秋是旅遊的旺季，氣候多變化，在出發
況，並根據天氣準備好衣物。↵

point

將滑鼠指標移至編輯區 (工作區) 左側的選取區，呈白色箭頭圖示時按一下滑鼠左鍵即可選取該行文字。

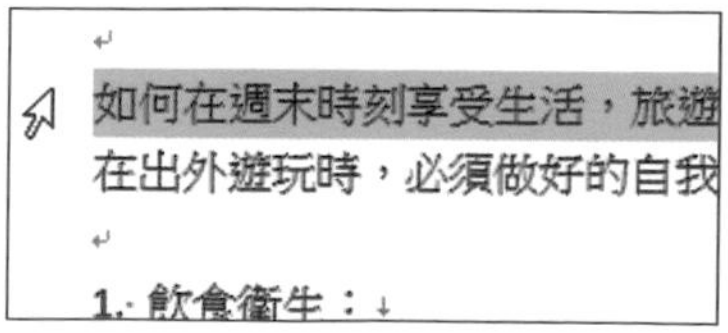

如何在週末時刻享受生活，旅遊
在出外遊玩時，必須做好的自我

1. 飲食衛生：↵

搬移文字

在 Word 中輸入的資料，常會因為內容調整必須 "挪來挪去"，以下將運用滑鼠在近距離或小範圍，進行快速拖曳與搬移的動作。

01 將滑鼠指標移至 「在週末時刻」 文字的左側，按滑鼠左鍵不放由左至右拖曳選取 「在週末時刻」 文字，接著將滑鼠指標移至選取的文字上呈 状。

【旅遊】注意事項告知
如何**在週末時刻**享受生活，旅遊是大部分在出外遊玩時，必須做好的自我保健：

▶

【旅遊】注意事項告知
如何**在週末時刻**享受生活，旅遊是大部分在出外遊玩時，必須做好的自我保健：

02 按滑鼠左鍵不放向左拖曳至該行最前方，然後再放開滑鼠左鍵就完成搬移動作。

【旅遊】注意事項告知
如何**在週末時刻**享受生活，旅遊是大部分益出外遊玩時，必須做好的自我保健：

1. 飲食衛生：
需留意飲食環境，不要貪吃，更不能暴飲

▶

【旅遊】注意事項告知
在週末時刻如何享受生活，旅遊是大部分在出外遊玩 (Ctrl) ▾ 做好的自我保健：

1. 飲食衛生：
需留意飲食環境，不要貪吃，更不能暴飲

point

除了利用滑鼠進行拖曳外，也可以運用 **常用** 索引標籤下 **剪下** 及 **貼上** 鈕，針對較遠距離、大範圍或不同檔案進行搬移，或是按一下滑鼠右鍵，從出現的快顯功能表進行設定。

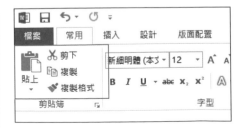

刪除文字

如果要刪除已輸入的文字，可運用 Delete 鍵刪除目前插入點右側的文字，若要刪除目前插入點左側的文字，則可運用 BackSpace 鍵。

在「告」字前方按一下滑鼠左鍵，將插入點移至此處，然後按二下 Delete 鍵，即可刪除插入點右側的「告知」文字。

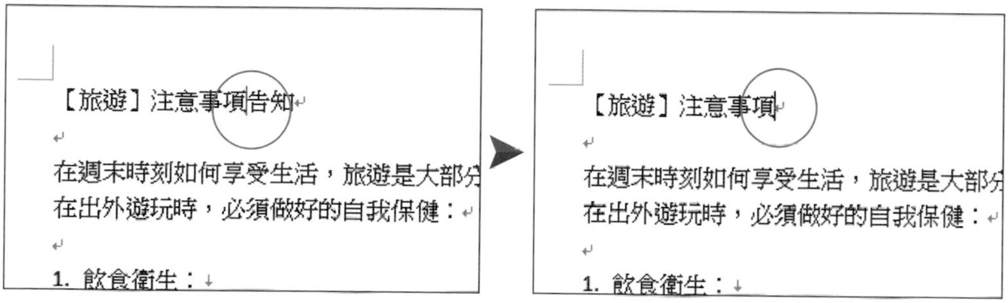

> **point**
>
> 若是刪除的字元較多時，可以直接將要刪除的字元全部選取後，再按 Delete 鍵一次刪除；此外還可以於 **常用** 索引標籤選按 **剪下** 一次刪除。

復原與取消復原

如果對於前面的刪除動作或之前操作後悔時，可以於 **快速存取工具列** 選按 ↶ **復原** 與 ↻ **重複** 鈕取消前一次或多次的動作。

按一下 **復原** 鈕可復原一個步驟，若選按一旁的 ▾ 清單鈕則可以透過清單，一次復原多個步驟。

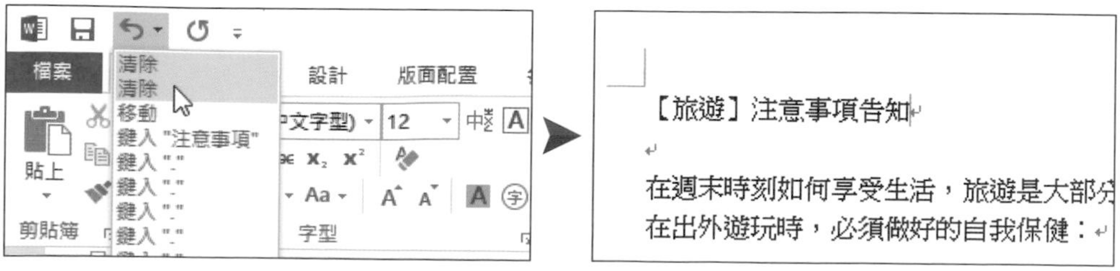

12.4 插入日期與時間

想要在文件上顯示日期與時間？不需要自己輸入，只要透過 Word 內建的多種日期時間格式，就可以依照目前的時間點輕鬆建立與自動更新！

01 請將插入點移至第一行的最後方，於 **插入** 索引標籤選按 **日期及時間** 開啟對話方塊。

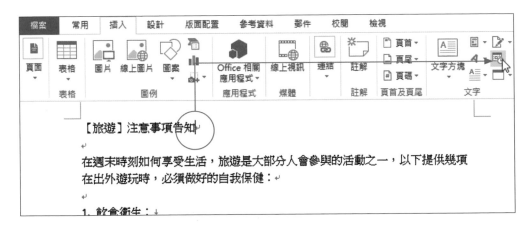

02 先設定 **語言** 與 **月曆類型**，再選擇合適的 **可用格式**，完成後按 **確定** 鈕即可將日期與時間插入文件中。

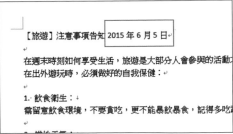

---

point

當在對話方塊中核選 **自動更新** 項目時，所插入的日期與時間會依照文件目前編輯的時間點，進行自動更新。

12.5 儲存檔案

辛苦完成的作品建議在輸入部分資料時就順手做儲存的動作,才不會因為遇到像是當機、停電、不小心按到重新開機鈕...等意外而流失資料,可就欲哭無淚。

01 於 **檔案** 索引標籤選按 **儲存檔案 \ 電腦 \ 瀏覽** 開啟對話方塊,因為此檔案為第一次存檔,所以會開啟 **另存新檔** 對話方塊。

02 在此練習將這份文件儲存至 <媒體櫃 \ 文件> 中,而 **檔案名稱** 欄位預設會自動選取文件第一個句子作為檔名,當然也可以自行輸入新名稱,完成後按 **儲存** 鈕即完成此範例作品。

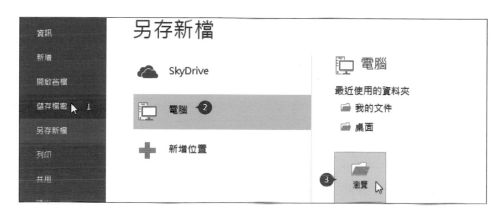

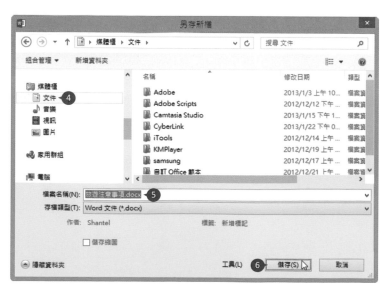

延伸練習

一、實作題

依如下提示完成「旅遊滿意度問卷表」作品。

1. 開啟延伸練習原始檔 <旅遊滿意度問卷表.docx>，這份問卷表已輸入完成，請在「一、行程安排」～「四、當地導遊」前方分別按 Enter 鍵進行分段。

2. 分別在「行程安排」、「餐廳安排」、「住宿安排」與「當地導遊」文字前後加上「【 】」符號。

3. 最後在第一行的最後方，加上日期並設定靠右對齊。

二、填充題

試將下列的 Word 操作介面相關名稱，填寫於適當的位置。

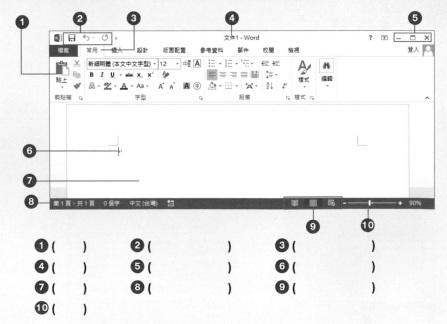

❶（　　　）　　❷（　　　　　）　　❸（　　　　　）

❹（　　　）　　❺（　　　　　）　　❻（　　　　　）

❼（　　　）　　❽（　　　　　）　　❾（　　　　　）

❿（　　　）

13

文件
常用的技巧

13.1 開啟舊檔

除了可以藉由新增檔案動作另外建立空白文件外，手邊難免會有先前編輯到一半的文件，或是剛好拿到別人傳送或製作好的文件，這時首要動作就是開啟舊有檔案！

於 **檔案** 索引標籤選按 **開啟舊檔 \ 電腦 \ 瀏覽** 開啟對話方塊，選取檔案儲存位置與欲開啟檔案，在此練習開啟範例原始檔 <旅遊活動通知.docx>，再按 **開啟** 鈕。

---

point

最近編輯過的檔案卻忘記儲存的位置，可以於 **檔案** 索引標籤選按 **開啟舊檔**，在右側 **最近使用的文件** 清單中會列出近期編輯過的檔案及顯示該檔案的儲存位置，預設列出 25 筆。

13.2 套用文字格式

在開始輸入文字並尚未做任何設定時，預設為 **新細明體**，大小 **12 pt** 文字樣式，若電腦中有其他字型選擇，可修改字型、字體大小或顏色美化文件。

字型格式

01 選取「旅遊活動規劃表」標題文字，於 **常用** 索引標籤選按 字型 清單鈕，清單中選按 **華康黑體 Std W9**；選按 字型大小 清單鈕，清單中選按 **20 pt**。

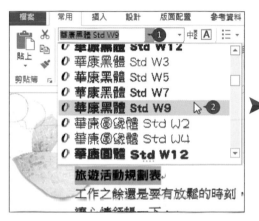
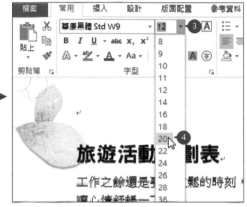

02 在文件空白處按一下滑鼠左鍵，取消標題文字的選取狀態，接著按 Ctrl 鍵不放選取有「【 】」符號的三項文字標題，於 **常用** 索引標籤設定 字型：**華康明體 Std W12**、 字型色彩：**深紅**。

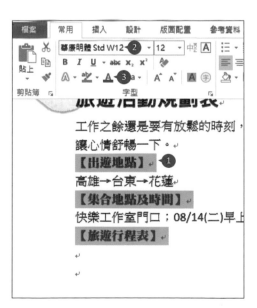

調整字元間的距離

字元間距 是指文字與文字間的距離，在此利用加寬字元間距的功能，調整標題文字。

01 選取「旅遊活動規劃表」標題文字，於 **常用** 索引標籤選按 **字型** 對話方塊啟動器開啟對話方塊，於 **進階** 標籤設定 **間距：加寬**、**點數設定：1.5 點**，再按 **確定** 鈕。

02 回到文件中，會發現標題文字之間的距離，依照前面的設定值加寬一些了。

旅 遊 活 動 規 劃 表

工作之餘還是要有放鬆的時刻，來趟短期的旅行，享受不同文化與美食，可以讓心情舒暢一下。↵
【出遊地點】↵
高雄→台東→花蓮↵
【集合地點及時間】↵
快樂工作室門口；08/14(二)早上　8:00↵
【旅遊行程表】↵
↵
↵

point

目前選取的文字或物件，只要於文件空白處按一下滑鼠左鍵或再直接選取其他文字或物件，就可以取消其選取的狀態。

13.3 運用項目編號

文件上某一段資料開頭，常會使用 1.、2. … 的編號，或是類似 ◎、● … 項目符號進行編排。以下介紹 **編號** 功能，可以快速的為段落自動加上編號，輕鬆解決手動輸入的麻煩事！

請按 <kbd>Ctrl</kbd> 鍵不放持續選取有「【　】」符號的三項文字標題，於 **常用** 索引標籤選按 ▾ **編號** 清單鈕 \ **壹、貳、參** 套用編號。

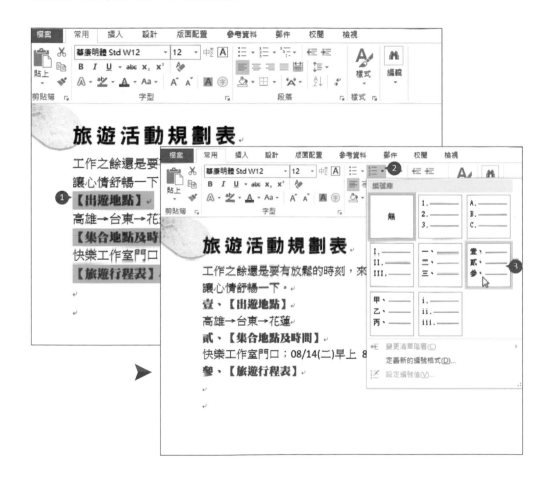

如果要取消編號的文字段落，於 **常用** 索引標籤選按 **編號** 或者選按 **編號** 清單鈕 \ **無** 即可取消設定。

1. 若是發現套用 「壹、貳、參」 編號的字型色彩可能為黑色或其他色彩，要將編號調整為同一色彩或格式。可於 **常用** 索引標籤選按 **編號** 清單鈕 \ **定義新的編號格式** 開啟對話方塊，接著再按 **字型** 鈕。於對話方塊的 **字型** 標籤中即可針對編號的字型、字型大小、字型色彩 進行調整，最後按二次 **確定** 鈕完成編號格式的修改。

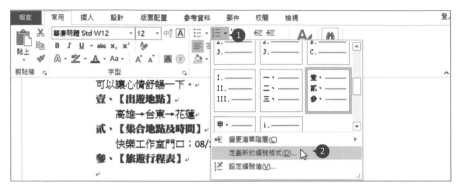

2. 項目符號使用方式與編號十分相似，若文件資料中不需要條列式內容說明也沒有先後順序時，使用項目符號相當適當，只要於 **常用** 索引標籤選按 **項目符號** 清單鈕，清單中選按合適的項目符號套用即可。

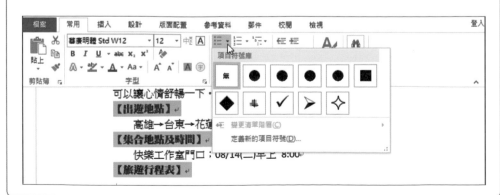

13.4 段落格式調整

文件編排最重要就是段落編輯，段落對齊、行高與行距、段落間距、增減縮排或首行縮排...等，都是最常遇到且一定要學會的段落設定。

段落文字對齊

將插入點移至「旅遊活動規劃表」標題文字上任一處，於 **常用** 索引標籤選按 置中，調整段落文字的對齊狀態。

---

point

除了 **置中** 功能外，還可以設定其他對齊方式。

1. **靠左對齊**：Word 預設的對齊方式。
2. **靠右對齊**：設定段落靠右對齊。
3. **左右對齊**：與 **靠左對齊** 很類似，主要是調整文字水平間距，讓右邊文字不會參差不齊，左右邊界都可以平均對齊。
4. **分散對齊**：文字平均分散至左右邊界之間。

變更行高與行距

當覺得文件每行之間的內容過於擁擠時，可調整段落行高與行距的設定，這裡先選取「旅遊活動規劃表」標題文字。

於 **常用** 索引標籤選按 **段落** 對話方塊啟動器開啟對話方塊，於 **縮排與行距** 標籤設定 **行距：多行、行高：3**，按 **確定** 鈕。

調整段落之間的距離

接下來要調整內文各段的距離，設定與前段的距離。

01 選取所有內文文字 (不包含最後面的二個 ↵ 段落符號)，於 **常用** 索引標籤選按 **段落** 對話方塊啟動器開啟對話方塊。

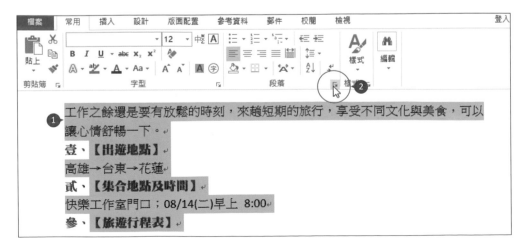

於 **縮排與行距** 標籤設定 **與前段距離**：**1.5 行**，再按 **確定** 鈕完成設定。

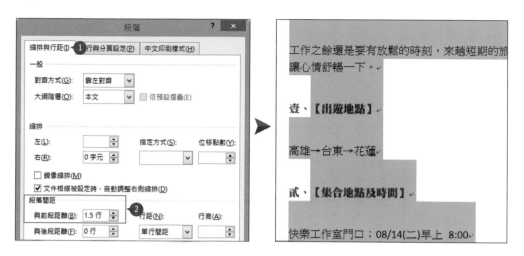

設定左邊縮排

為了突顯具有編號的段落，按 Ctrl 鍵不放選取每個編號下方的段落文字 (共二段)，然後於 **常用** 索引標籤按二次 增加縮排 鈕調整內容為左側縮排。

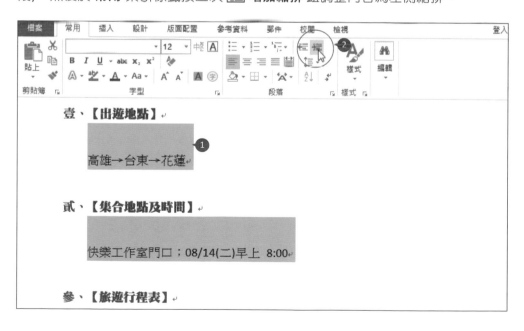

設定首行縮排

首行縮排 就像以前寫作時在每個段落之前空二格，方便瀏覽者容易找到每段文章開始的位置。

01 將插入點移至「旅遊活動規劃表」標題文字下方的段落內容任意處，於 **常用** 索引標籤選按 **段落** 對話方塊啟動器開啟對話方塊。

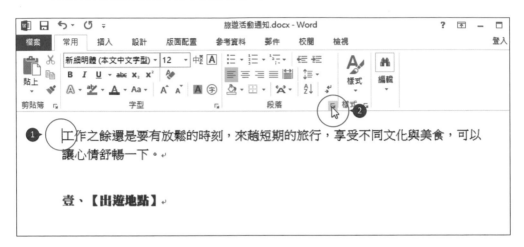

02 於 **縮排與行距** 標籤設定 **指定方式：第一行、位移點數：2 字元**，按 **確定** 鈕後在首行的部分即會內縮二個字元。

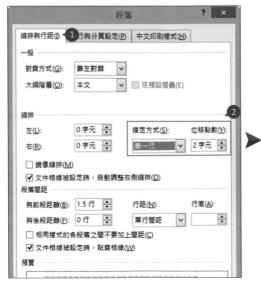
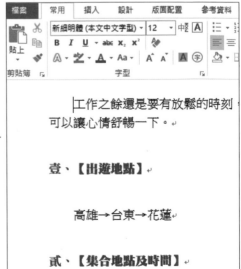

13.5 套用文字藝術師

文字藝術師一直以來就是 Word 一項重要且好用的功能，其中多款內建的樣式，讓您不用一個個設定字型、色彩，就可以快速套用，讓文字馬上擁有如美術字般的效果。

01 選取 「旅遊活動規劃表」 文字，於 **插入** 索引標籤選按 **文字藝術師 \ 填滿-藍色,輔色1,外框-背景1,強烈陰影-輔色1**，然後於 **繪圖工具 \ 格式** 索引標籤選按 **文繞圖 \ 文字在後**，調整文字藝術師的位置。

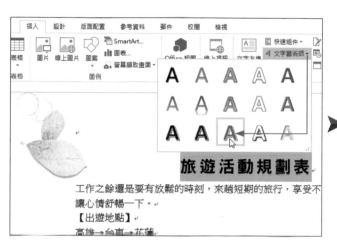

02 接著在選取文字藝術師物件的狀態下，將滑鼠指標移至文字框右側的中間控點，呈 ↔ 狀，按滑鼠左鍵不放往右拖曳，拉寬文字框的長度至頁面右邊界，讓標題文字整個置中。

此標示為頁面右邊界

13.6 快速建立表格

在日常生活中常需製作通訊錄、課程表、訂購單...等各式表格，就因為表格的使用極為普遍，以下便從插入表格的動作開始，循序漸進學習表格的各種編修技巧。

插入表格

旅遊規劃文件的下半部，佈置一個行程表，讓參與旅遊的人可以預先查看旅遊相關資訊。

將插入點移至文件下方的最後一個 ↵ 段落符號處，於 **插入** 索引標籤選按 **表格**，在清單中由左上往右下直接拖曳 4 欄 4 列，再按一下滑鼠左鍵即可新增表格。

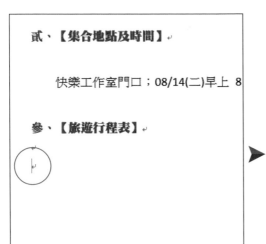

---

point

除了利用拖曳方式建立表格外，於 **插入** 索引標籤選按 **表格 \ 插入表格** 開啟對話方塊，直接透過輸入 **欄數** 與 **列數**，也可以達到插入表格的動作。

佈置表格內的文字

開啟範例原始檔 <旅遊規劃表.txt>，透過全選 (Ctrl + A 鍵) 及複製 (Ctrl + C 鍵) 的動作，選取及複製裡頭文字，接著返回 Word 中將滑鼠指標移至表格左上角，選按 ⊞ 後選取整個表格，將文字貼到 (Ctrl + V 鍵) <旅遊活動通知.docx> 檔案的表格中，結果可以參考下圖。

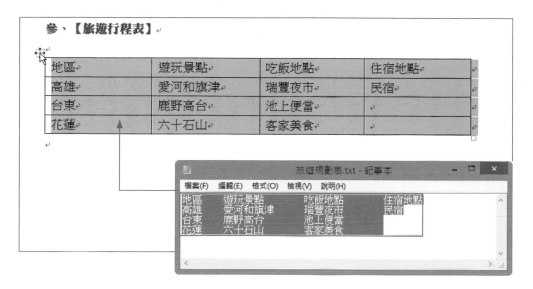

選取儲存格並合併

行程表中住宿的地方都以民宿為主，此處將利用儲存格合併功能，調整表格中的「民宿」區塊。

01 將滑鼠指標移至「民宿」儲存格左下角位置，當滑鼠指標成黑色箭頭時按滑鼠左鍵不放，儲存格呈現選取狀態，接著往下拖曳選取共三個儲存格。

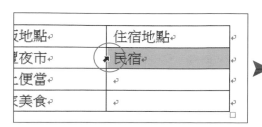

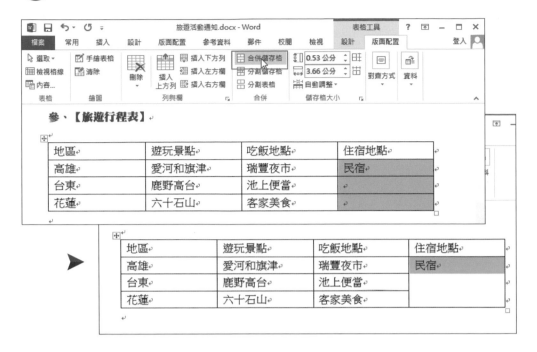

02 於 **表格工具 \ 版面配置** 索引標籤選按 **合併儲存格**，三個儲存格即合併為一個。

調整表格各列高度

01 將滑鼠指標移至表格第二列左方呈白色箭頭時，按一下滑鼠左鍵反白選取該列，接著按滑鼠左鍵不放往下拖曳選取共三列。

02 於 **表格工具 \ 版面配置** 索引標籤輸入 **高度：1.5 公分**，然後按 Enter 鍵即完成列高設定。

快速套用內建的表格樣式

透過內建設計好的樣式快速完成表格美化的動作！

01 將滑鼠指標移到表格上方，於表格左上角選按 ⊞ 移動控點，選取整個表格。

02 於 **表格工具 \ 設計** 索引標籤選按 ⊡ **表格樣式 - 其他**，清單中選按 **格線表格 4-輔色1**，為表格快速變裝。

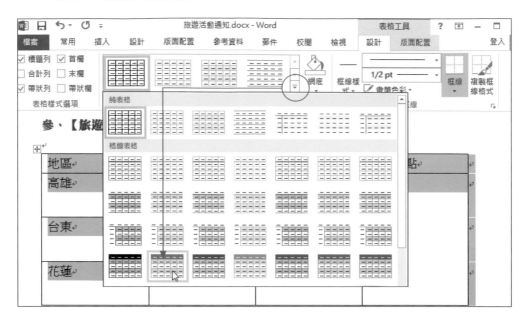

設定表格內文字對齊方式

在選取整個表格的狀態下，於 **表格工具 \ 版面配置** 索引標籤選按 ⊟ **對齊中央**，讓表格文字統一在儲存格置中呈現，如此即完成表格的全部製作。

13.7 圖片的插入與編輯

只有文字，在文件的視覺上難免感到單調，如果可以適時利用美工圖案或圖片進行點綴，並套用一些美術設計，相信能大大提升文件的「好感度」！

插入美工圖案

01 將插入點移至文件最下方(表格之後) 的段落中，於 **插入** 索引標籤選按 **線上圖片**。(確認網路已在連線狀態，才能搜尋更多圖案。)

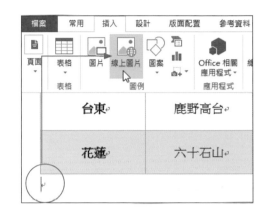

02 接著會開啟 **插入圖片** 視窗，在 **Bing 圖像搜尋** 右側輸入「旅行」按 Enter 鍵，一開始會顯示 Creative Commons 所授權的圖片，完成圖片選取後按 **插入** 鈕。(圖片若選按 **顯示所有 Web 結果** 鈕則可擴大選擇範圍，但圖片使用過程中請遵守智慧財產的規範，確保授權與否。)

圖案大小與位置的調整

當插入美工圖案或其他圖片至文件時，預設會顯示於目前插入點的位置並與文字並排，相當於一個特大的文字。

為了讓圖片的大小與位置都可以依照需求擺放，請依如下說明調整！

01 在選取美工圖案狀態下，於 **圖片工具 \ 格式** 索引標籤選按 **文繞圖 \ 文字在前** 將圖片放至文字之後。

02 將滑鼠指標移至圖片上呈 時，按滑鼠左鍵不放拖曳圖片至文件下方的空白處擺放。

03 將滑鼠指標移至圖片右上角的白色控點上，呈 ↗ 狀，按滑鼠左鍵不放往左下角拖曳，等比例縮小圖片至適當大小。

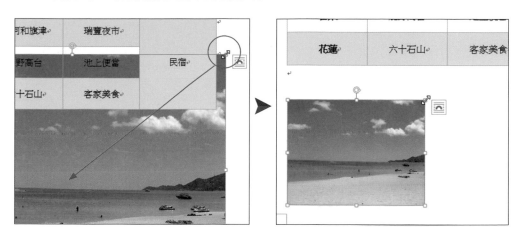

04 再次於 插入 索引標籤選按 線上 圖片，於開啟 插入圖片 視窗，再插入另外一張「山」圖片，並透過前面學過的方法，同樣調整圖片的大小與位置。

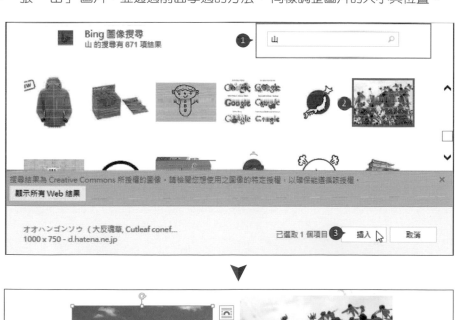

快速套用圖片樣式

01 圖片調整好位置與大小後，還可以在外觀上多點變化。先選取 「旅行」 圖片，於 **圖片工具 \ 格式** 索引標籤選按 ⊡ **圖片樣式 - 其他** 鈕，清單中選按 **旋轉,白色** 樣式套用。

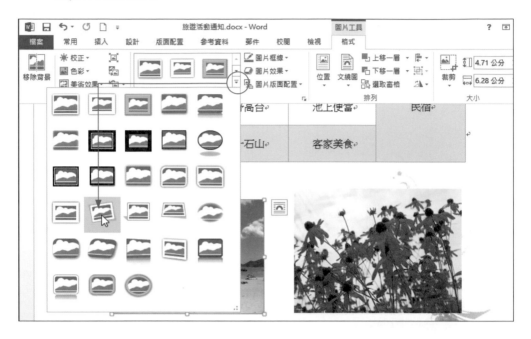

02 最後再選取 「山」 圖片，一樣於 **圖片工具 \ 格式** 索引標籤選按 **圖片樣式 - 其他** 鈕，清單中選按 **旋轉,白色** 樣式套用，再微調圖片位置，如此即完成此 「旅遊活動通知」 的範例製作。

實作題

依如下提示完成「正確吃水果」作品。

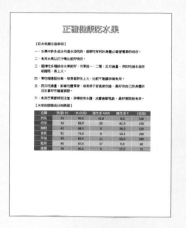

1. 開啟延伸練習原始檔 <正確吃水果.docx>，選取「正確健康吃水果」標題文字，套用合適的字型、字型大小、置中與文字效果，再設定段落為 **行距：多行、行高：「4」**。

2. 為副標題【吃水果應注意事項】與【水果的營養成分與熱量】，設定合適的字型、字型大小與色彩。

3. 選取所有的內文，設定段落 **與前段距離：「0.5 行」**、**與後段距離：「0.5 行」**，調整其前、後段距離。

4. 選取「吃水果應注意事項」文字下方內容，加上 **編號** 一、二、三...。

5. 將插入點移至【水果的營養成分與熱量】文字下方，插入 6 欄 8 列的表格，開啟延伸練習原始檔 <水果的營養成分與熱量.txt>，參考下圖複製相關文字，再於 **表格工具 \ 設計** 索引標籤設定合適的表格樣式。

【水果的營養成分與熱量】

名稱	熱量(卡)	水分(克)	維生素 A(IU)	維生素 C	(毫克)
西瓜	25	93.0	41.8	8.0	100
芭樂	38	89.0	50	81.0	150
柳橙	43	88.0	0	38.0	120
香蕉	91	74.0	8	10.1	290
草莓	39	89.0	11	66.0	180
鳳梨	46	87.0	17	9.0	40
蓮霧	34	90.6	0	17.0	70

資訊概論--從資訊科技應用培養邏輯思維能力

作　　者：鄧文淵 總監製 / 文淵閣工作室 編著
企劃編輯：林慧玲
文字編輯：江雅鈴
設計裝幀：張寶莉
發 行 人：廖文良

發 行 所：碁峰資訊股份有限公司
地　　址：台北市南港區三重路 66 號 7 樓之 6
電　　話：(02)2788-2408
傳　　真：(02)8192-4433
網　　站：www.gotop.com.tw
書　　號：AEI005400
版　　次：2015 年 06 月初版
建議售價：NT$450

國家圖書館出版品預行編目資料

> 資訊概論：從資訊科技應用培養邏輯思維能力 / 文淵閣工作室編
> 　著. -- 初版. -- 臺北市：碁峰資訊, 2015.06
> 　　面； 　公分
> 　　ISBN 978-986-347-679-5(平裝)
> 　　1.電腦　2.資訊科學
> 312　　　　　　　　　　　　　　　　　　　104009998

讀者服務

● 感謝您購買碁峰圖書，如果您對本書的內容或表達上有不清楚的地方或其他建議，請至碁峰網站：「聯絡我們」\「圖書問題」留下您所購買之書籍及問題。(請註明購買書籍之書號及書名，以及問題頁數，以便能儘快為您處理)
http://www.gotop.com.tw

● 售後服務僅限書籍本身內容，若是軟、硬體問題，請您直接與軟體廠商聯絡。

● 若於購買書籍後發現有破損、缺頁、裝訂錯誤之問題，請直接將書寄回更換，並註明您的姓名、連絡電話及地址，將有專人與您連絡補寄商品。

● 歡迎至碁峰購物網
http://shopping.gotop.com.tw
選購所需產品。